Shikaku 1

Shikaku 2

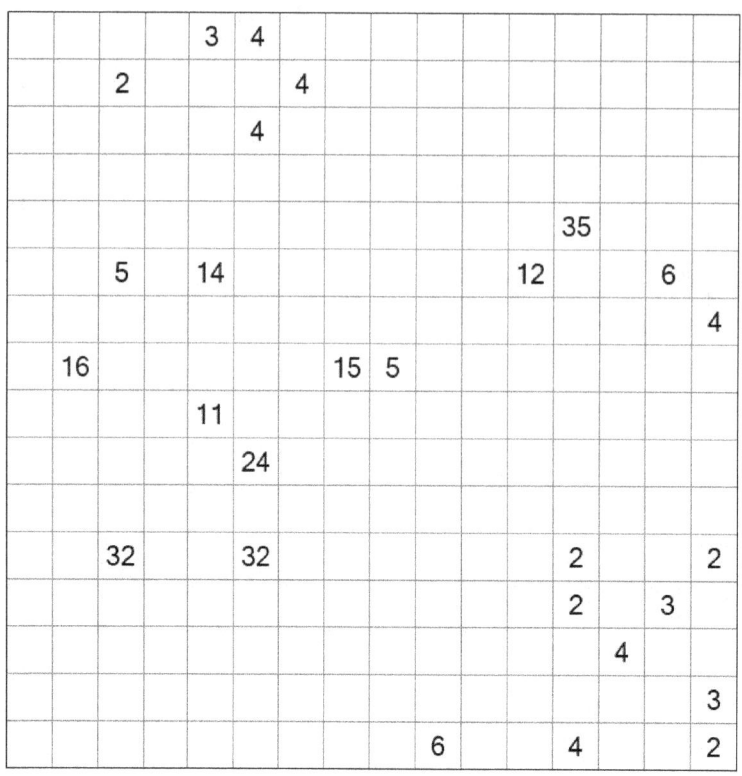

Shikaku 3

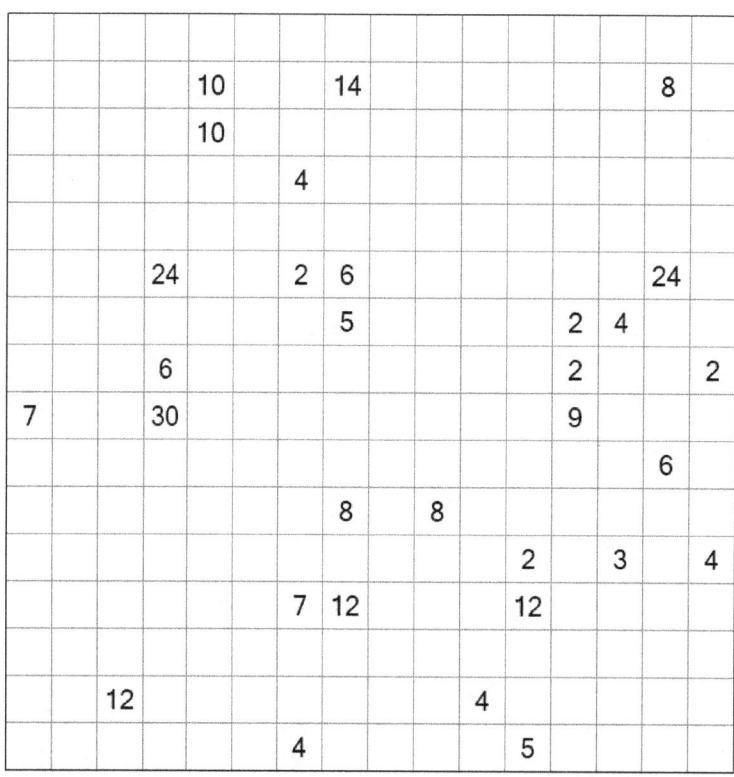

Shikaku 4

Shikaku 5

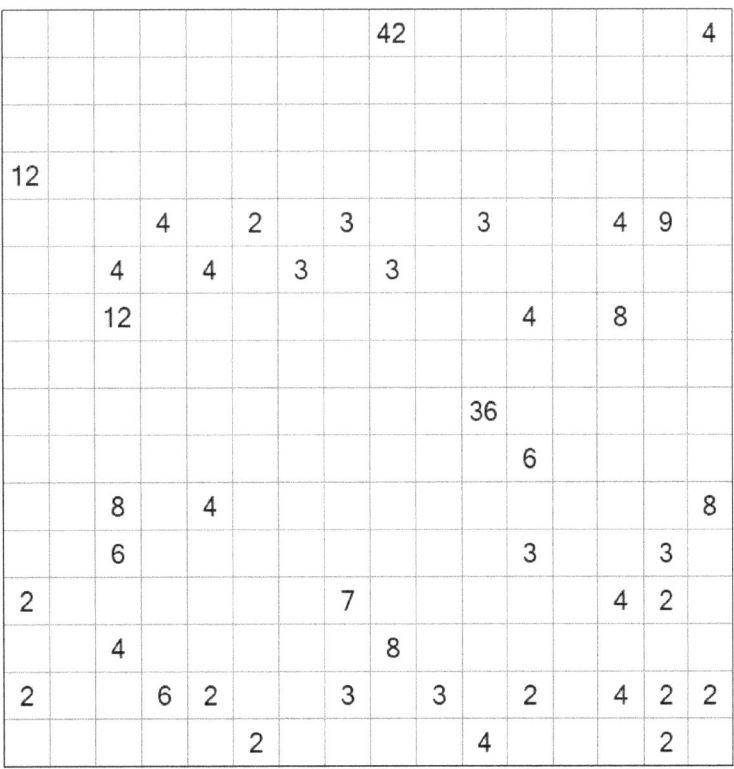

Shikaku 6

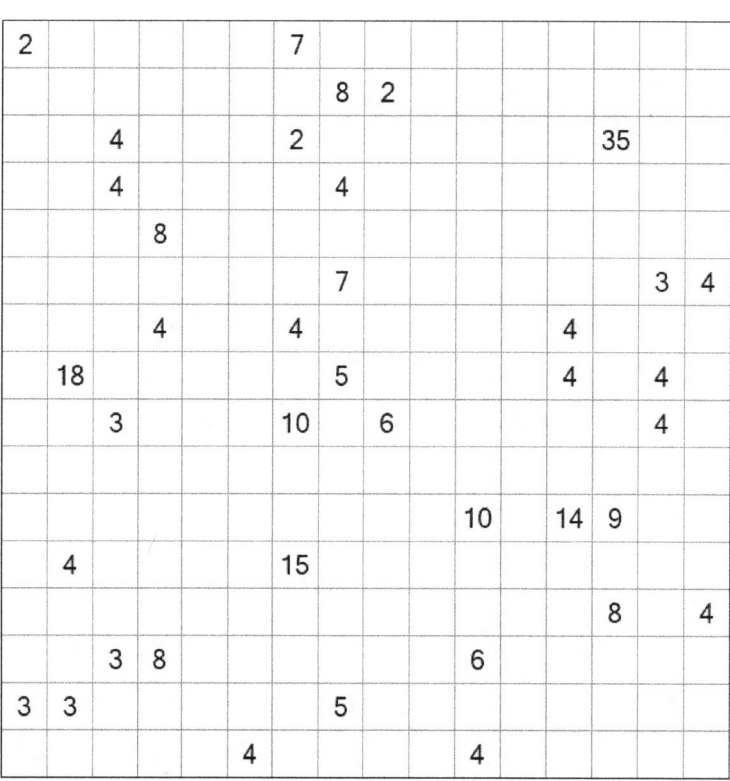

Shikaku 7

Shikaku 8

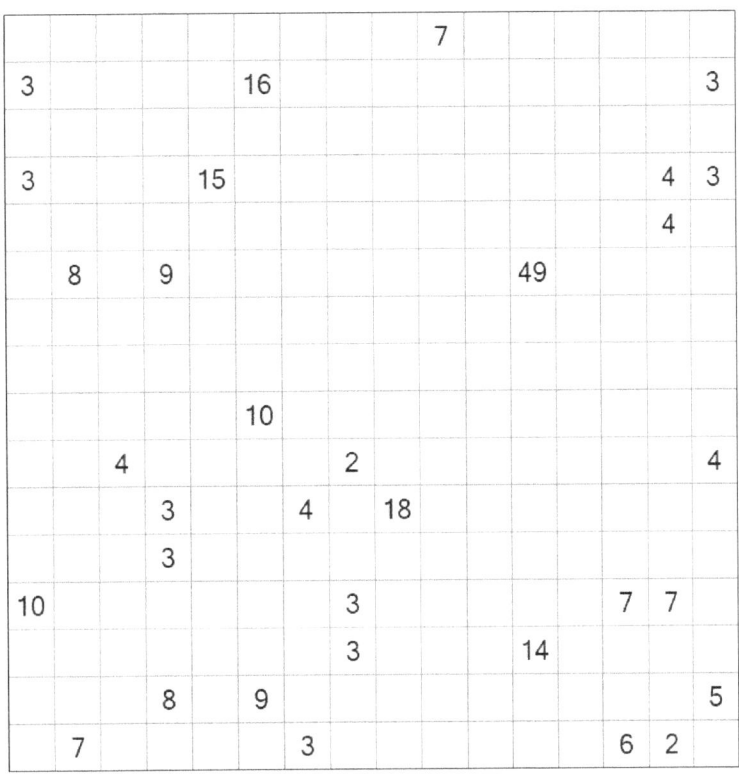

Shikaku 9

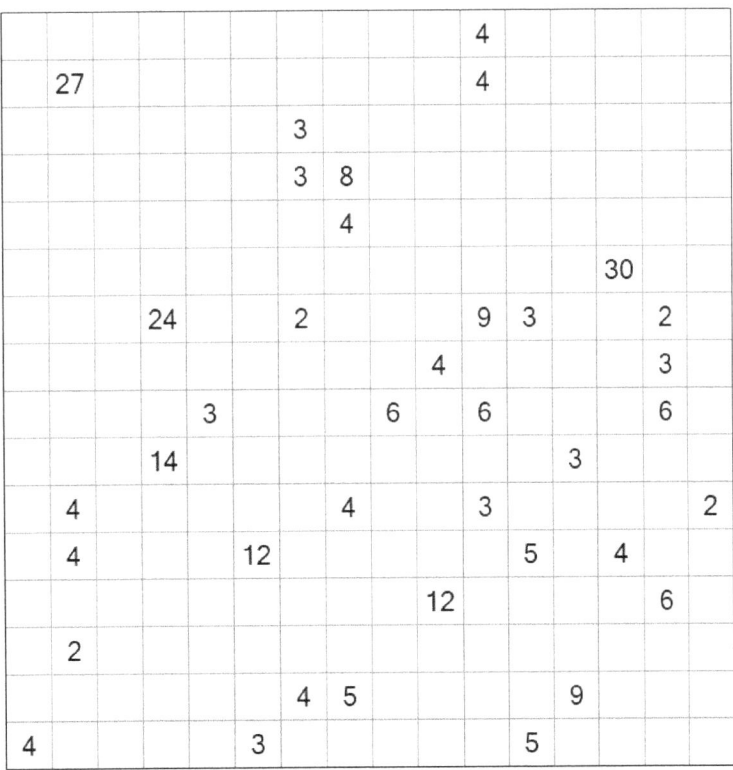

Shikaku 10

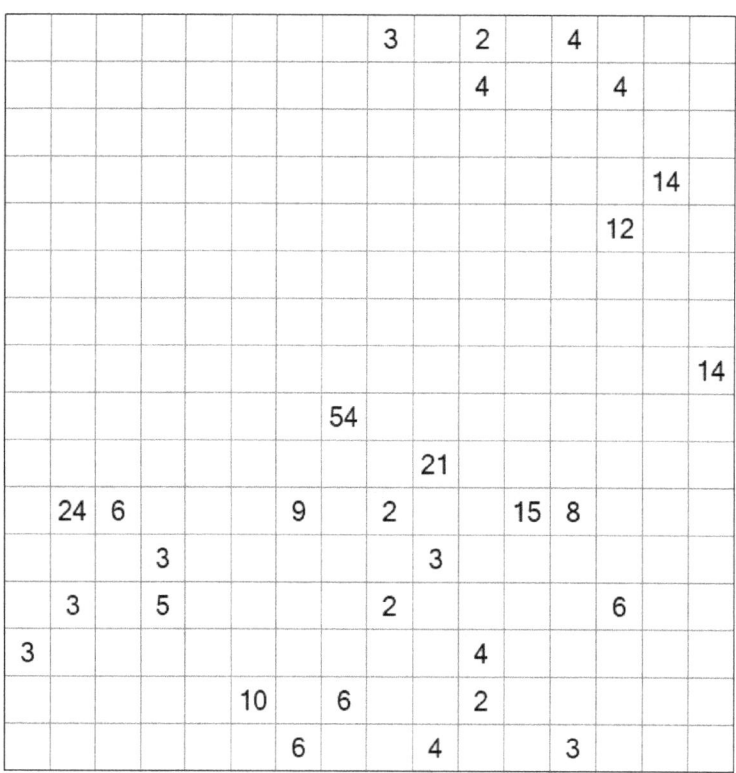

Shikaku 11

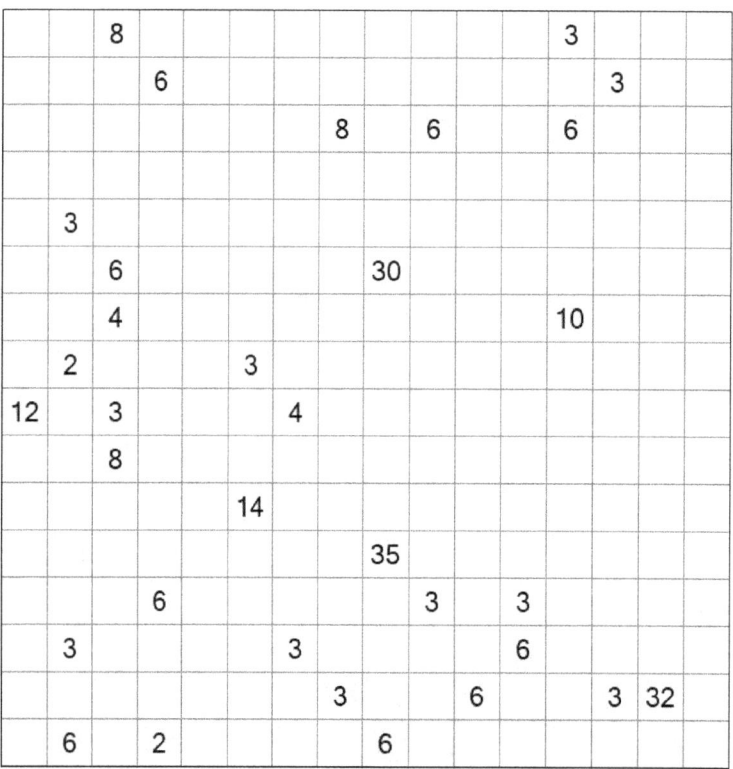

Shikaku 12

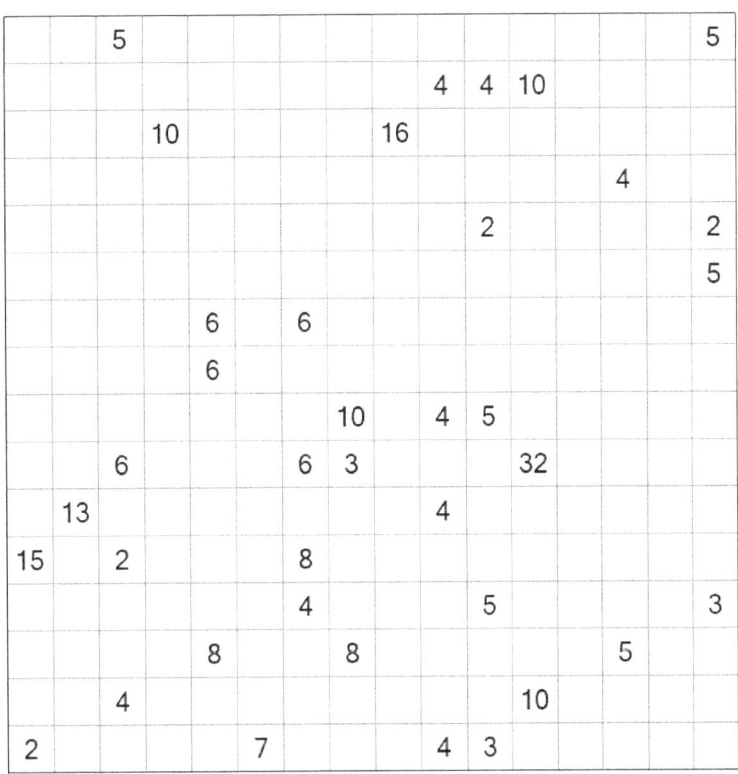

Shikaku 13

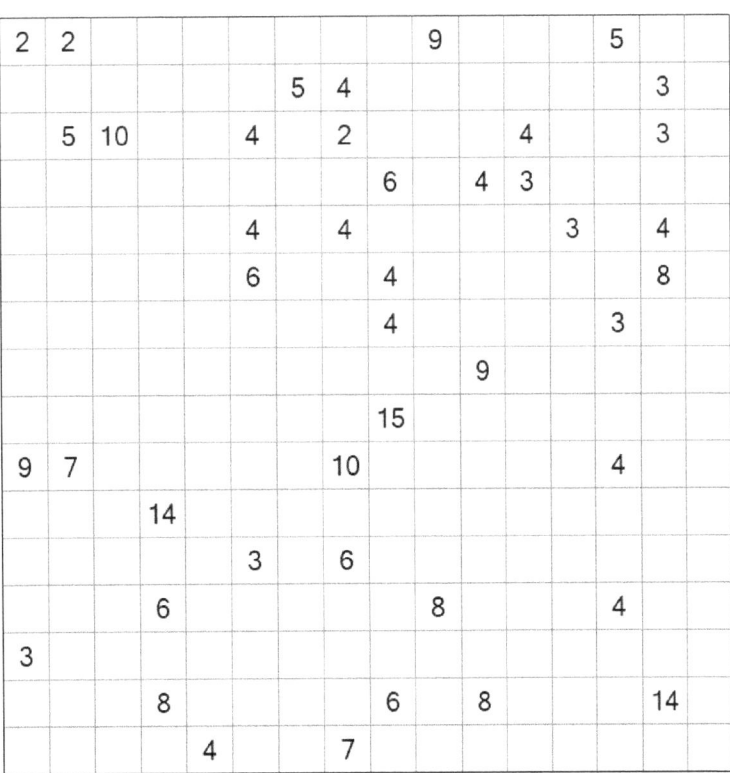

Shikaku 14

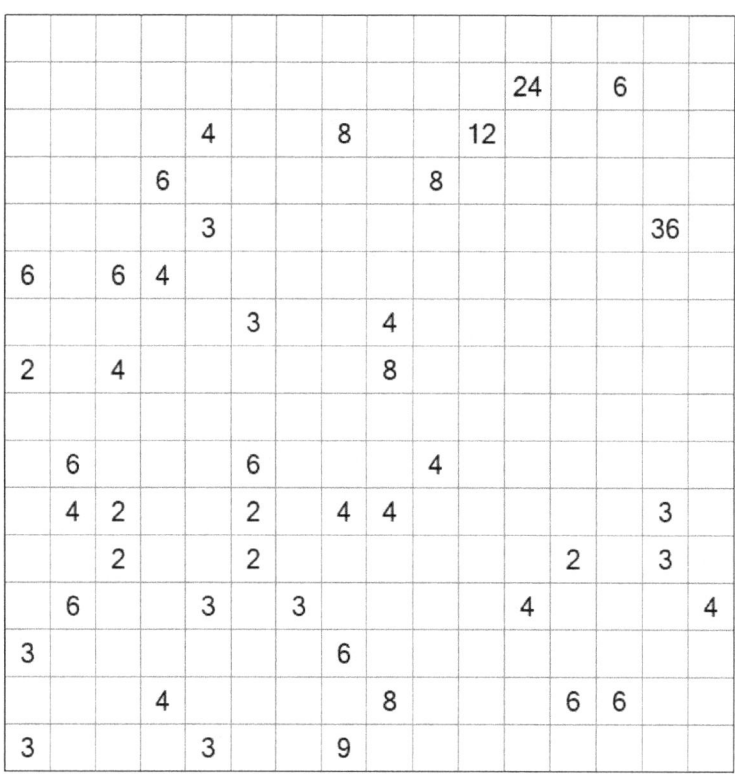

Shikaku 15

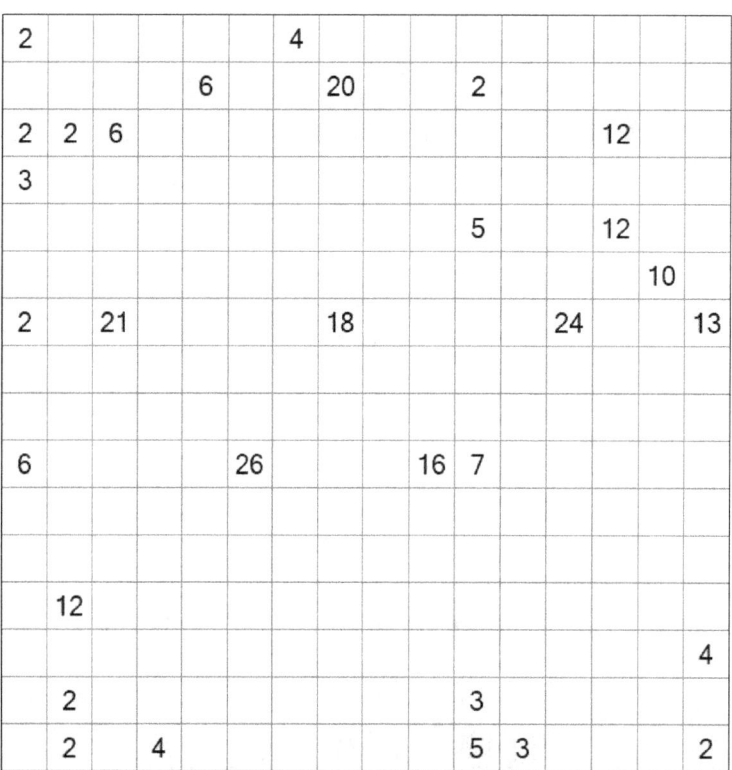

Shikaku 16

Shikaku 17

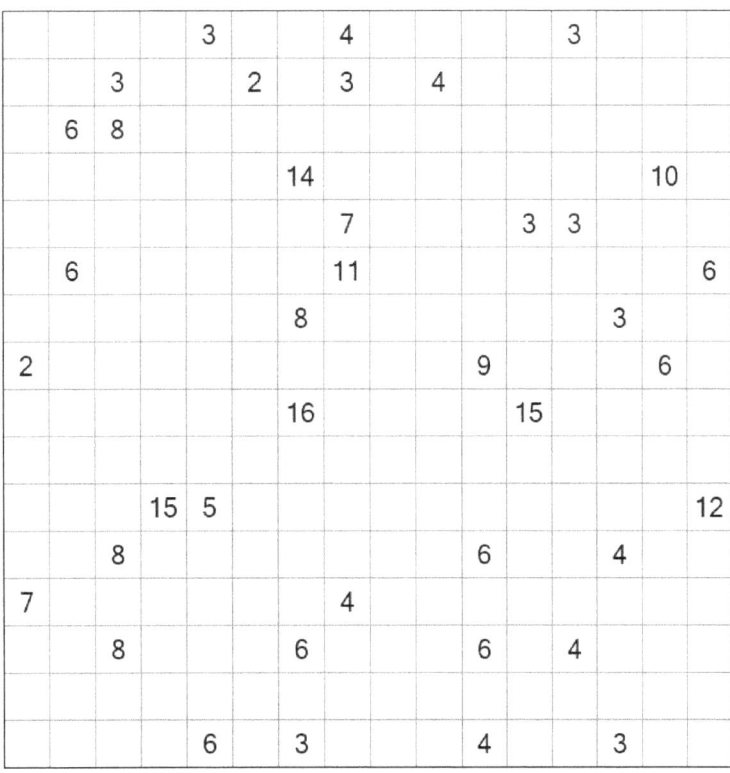

Shikaku 18

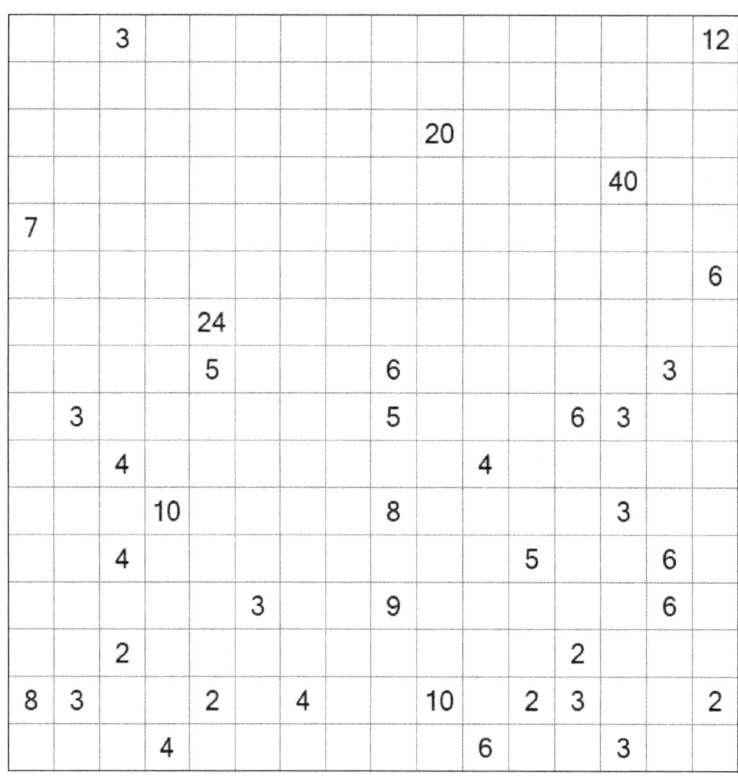

Shikaku 19

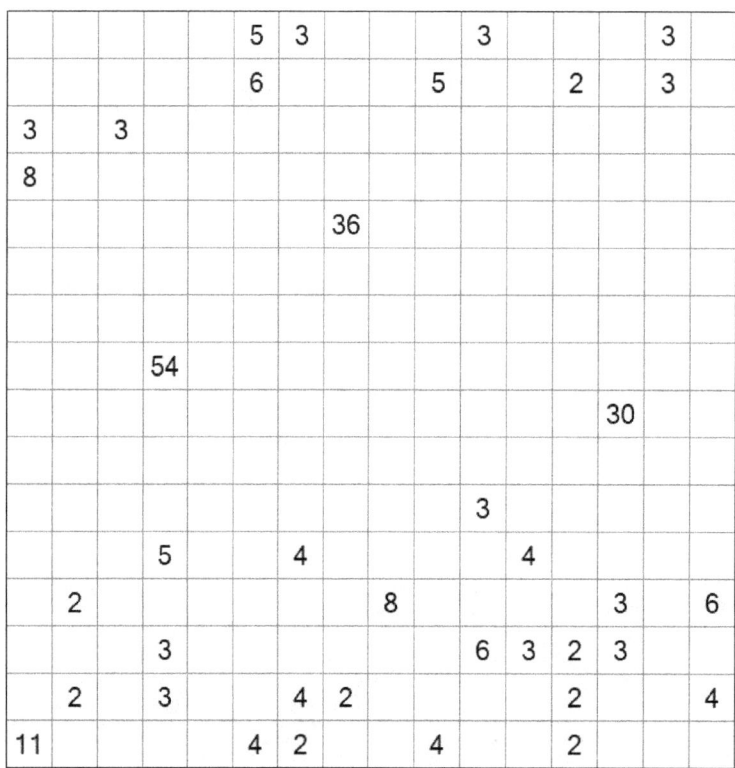

Shikaku 20

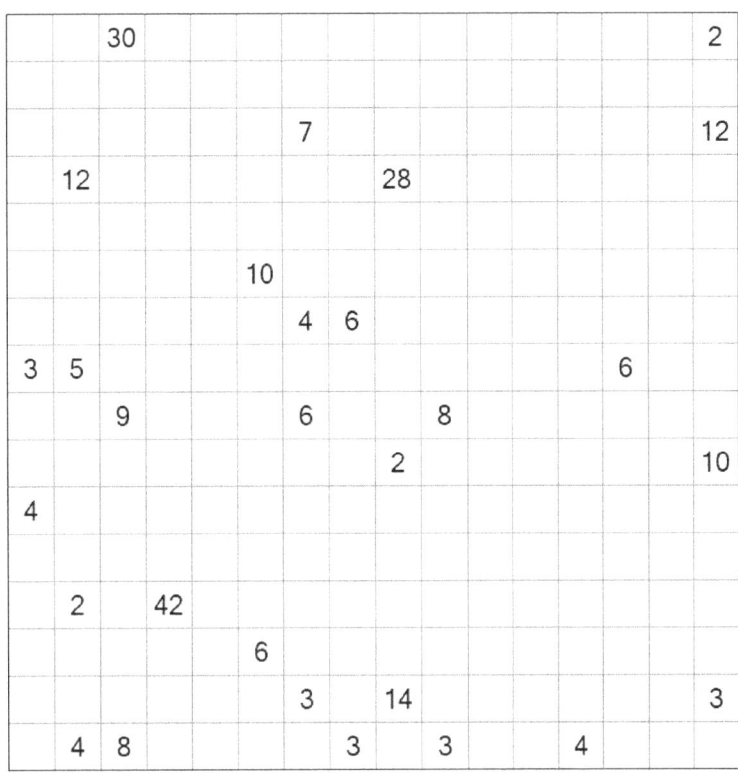

Shikaku 21

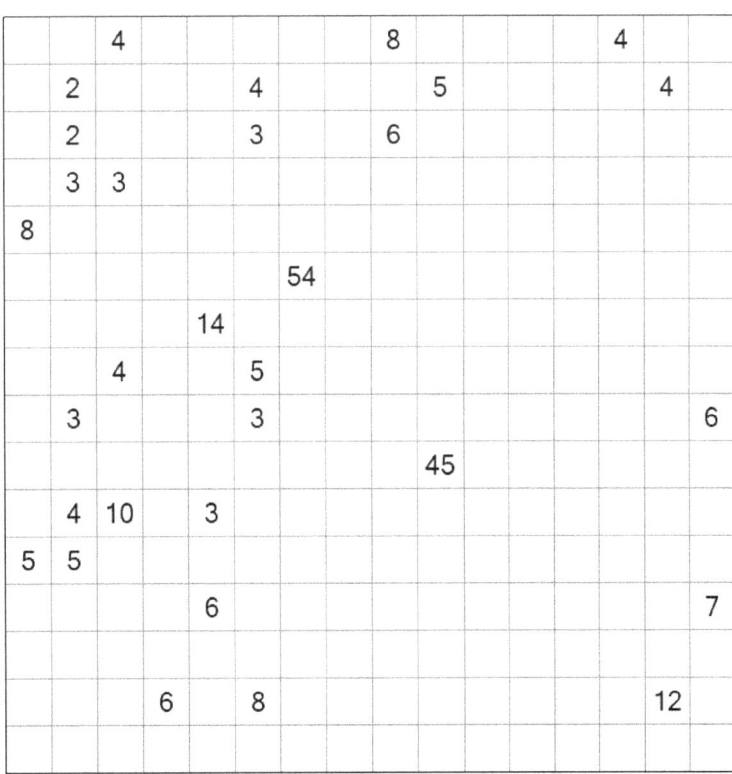

Shikaku 22

Shikaku 23

Shikaku 24

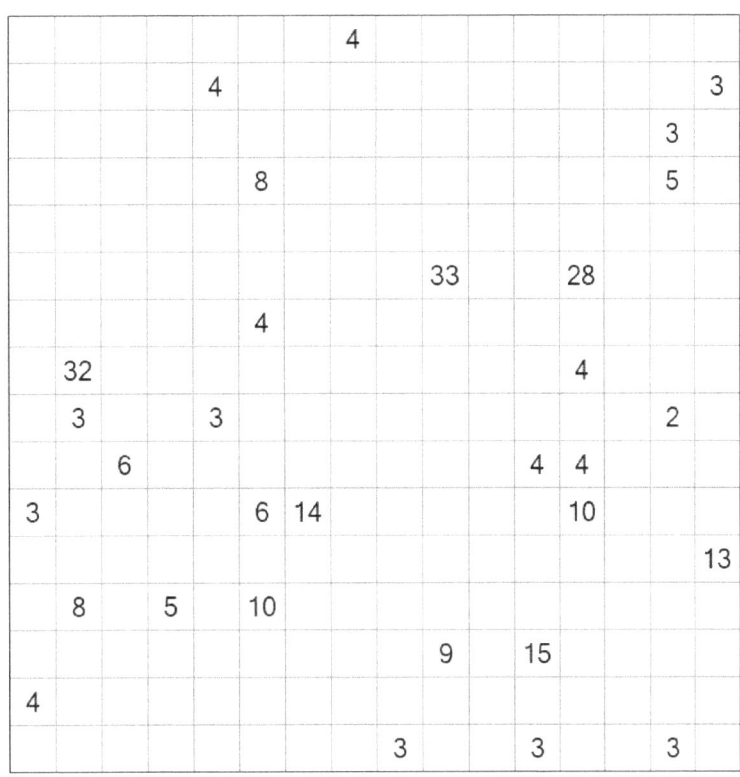

Shikaku 25

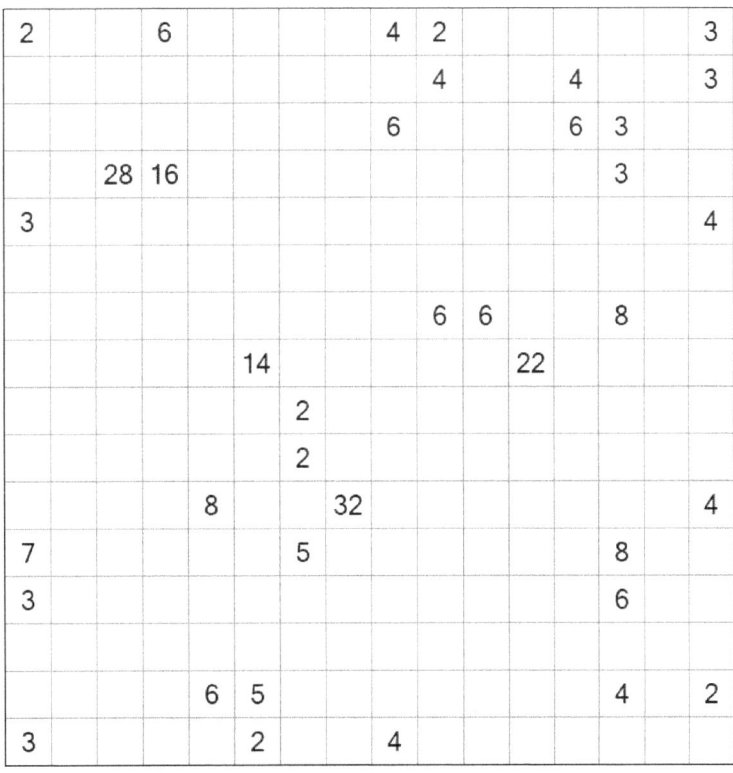

Shikaku 26

Shikaku 27

			6		6					
		6			4		3		15	
	3			5						
4	13								2	
	42									
	4									
						26				5
			3					3		2
3	8			15			3			
	4				4	6				6
		10								
3							8			
	3		5		2	2	3		2	
2			8						4	3

Shikaku 28

				7	4			4		3
			2				3	3		2
									3	
				3			8	4	8	
			12					8		
	14			2	4				16	
12						6	10			
				6	3					
										6
		10								
						6		5		
				6	3		36			
										6
		3	6							
	12							10		

Shikaku 29

Shikaku 30

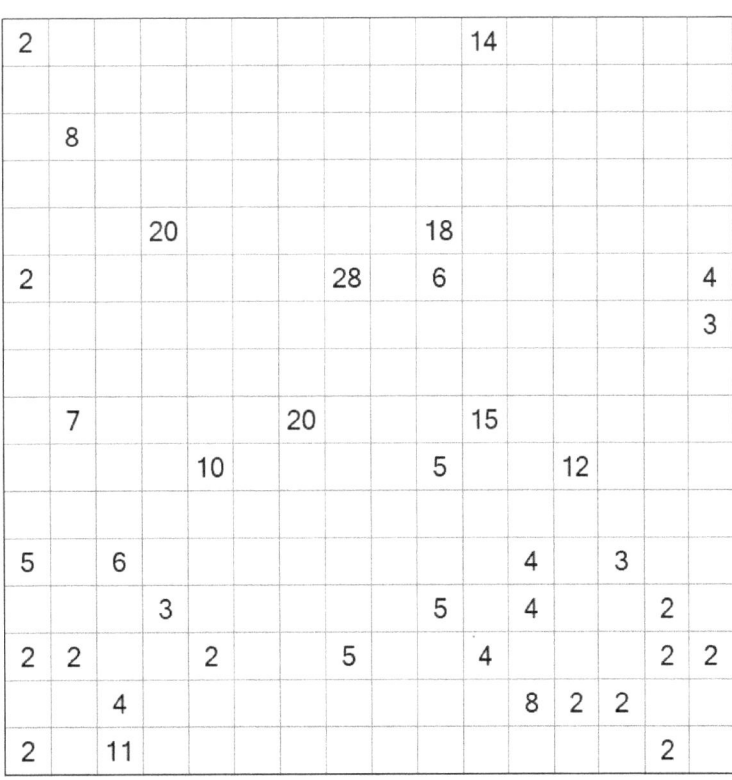

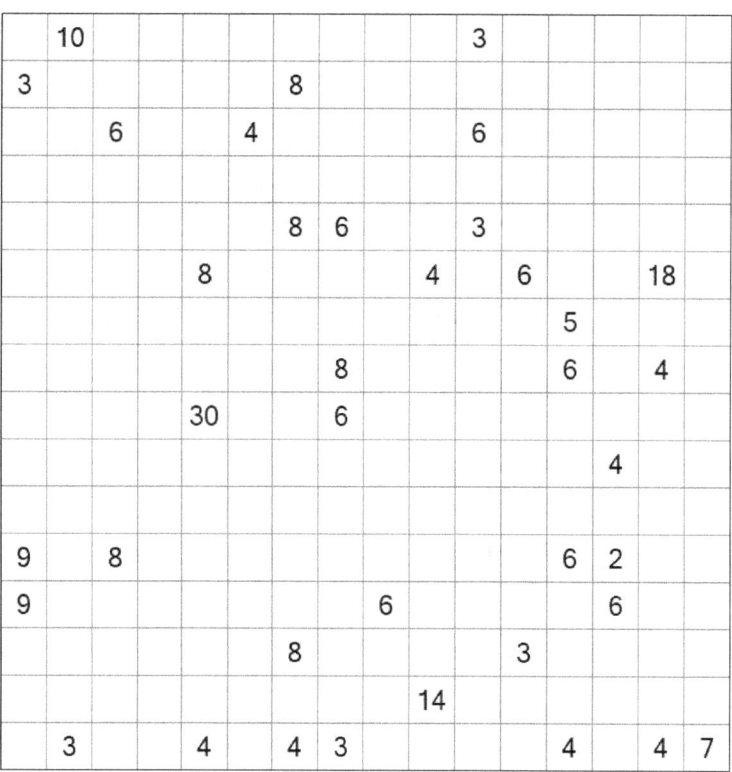
Shikaku 31

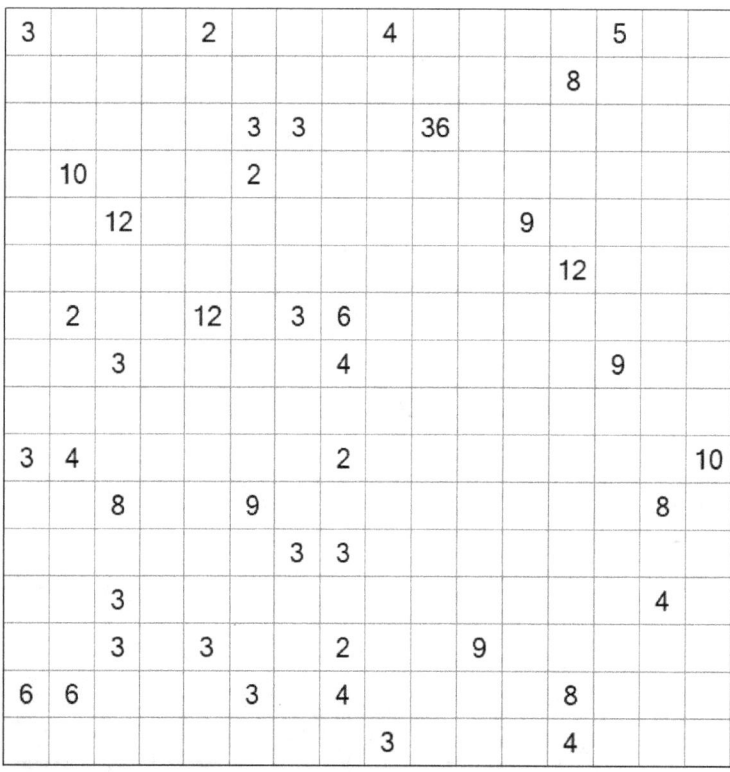
Shikaku 32

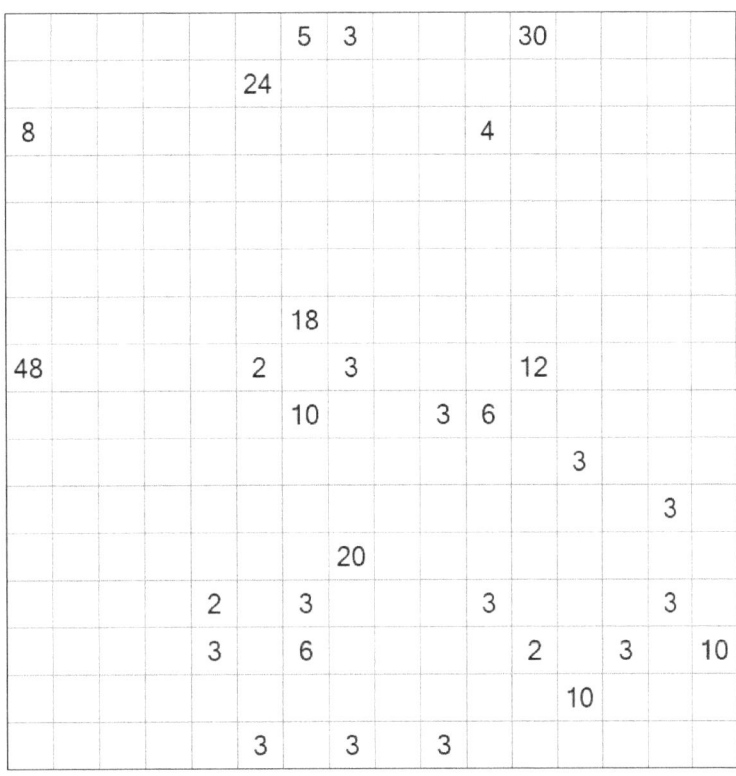

Shikaku 33

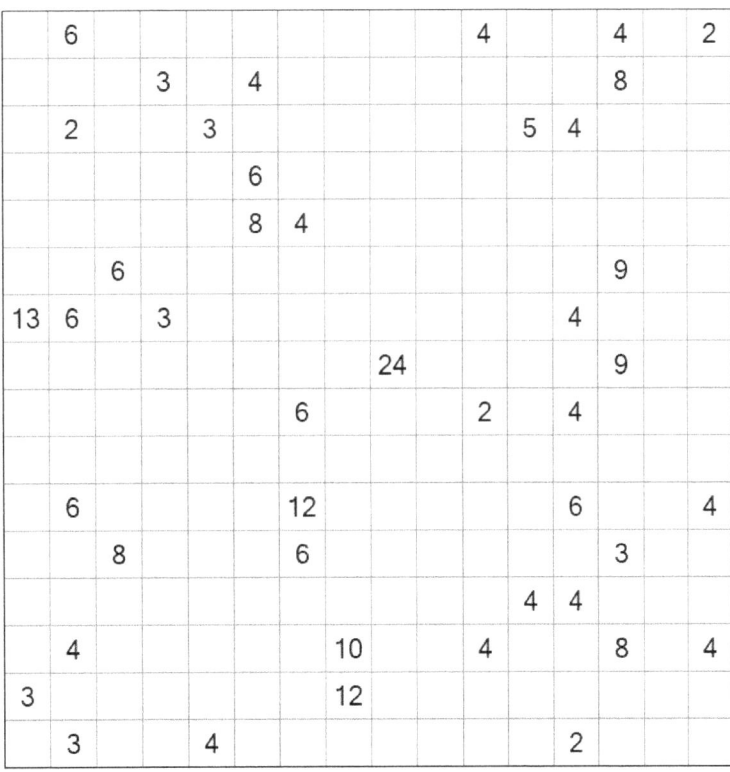

Shikaku 34

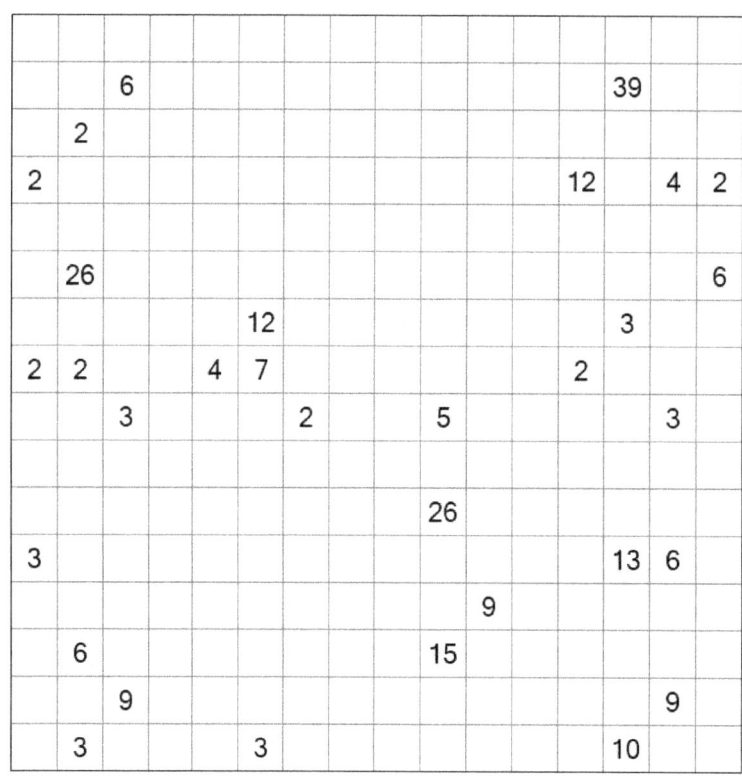
Shikaku 35

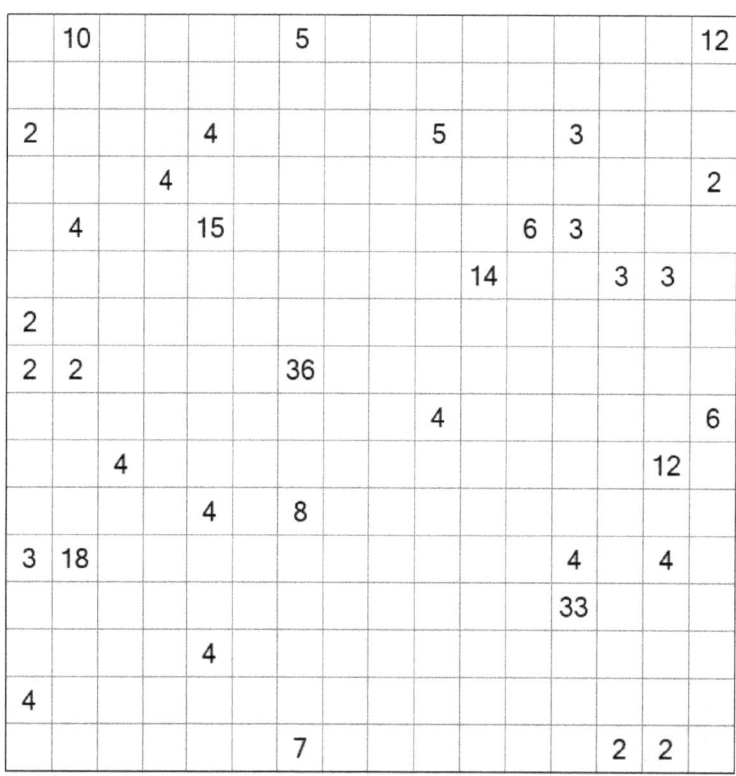
Shikaku 36

Shikaku 37

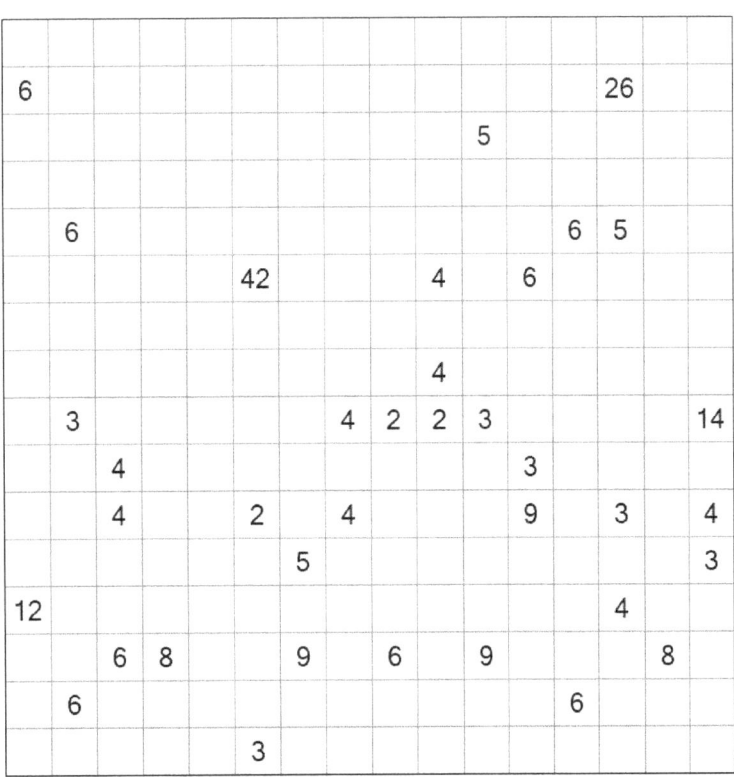

Shikaku 38

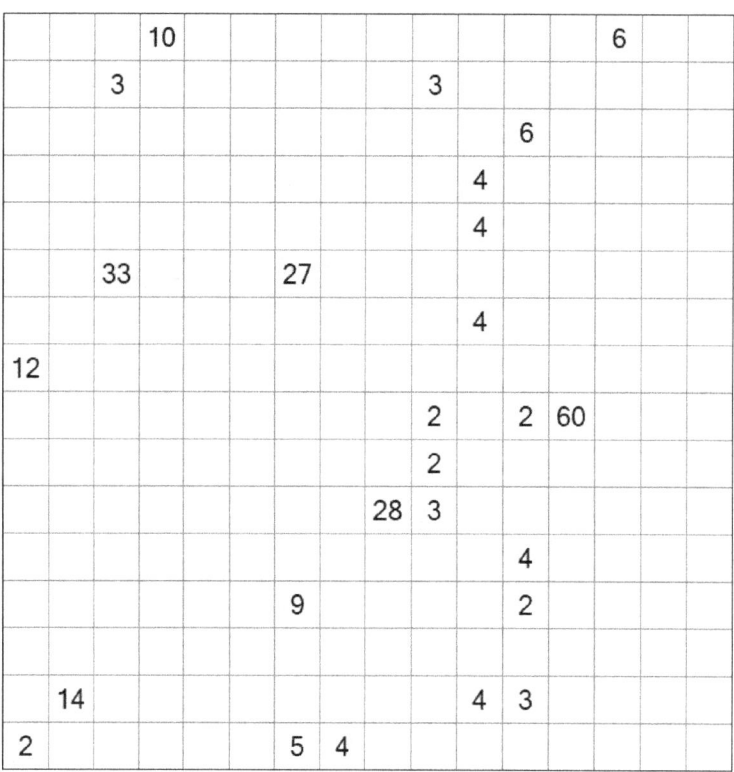

Shikaku 39

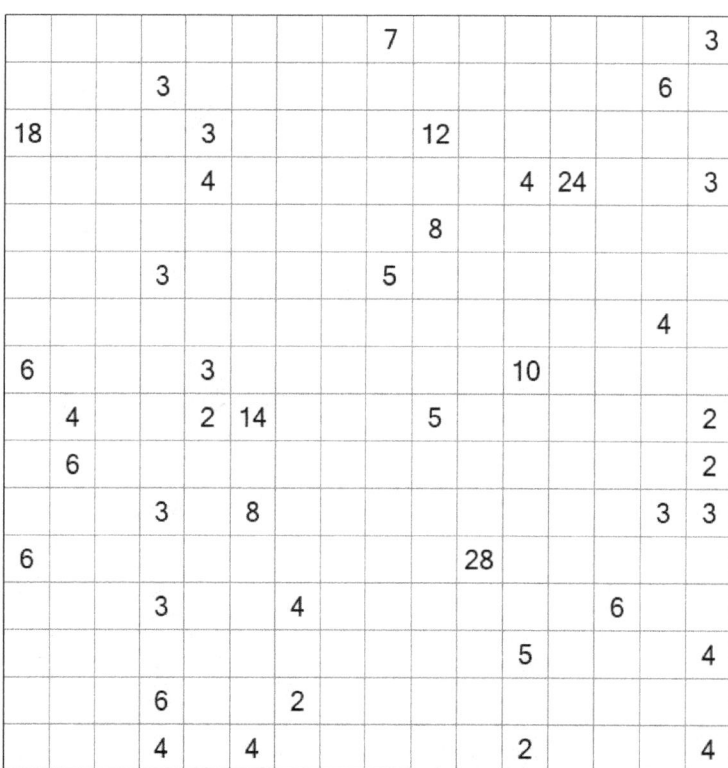

Shikaku 40

Shikaku 41

Shikaku 42

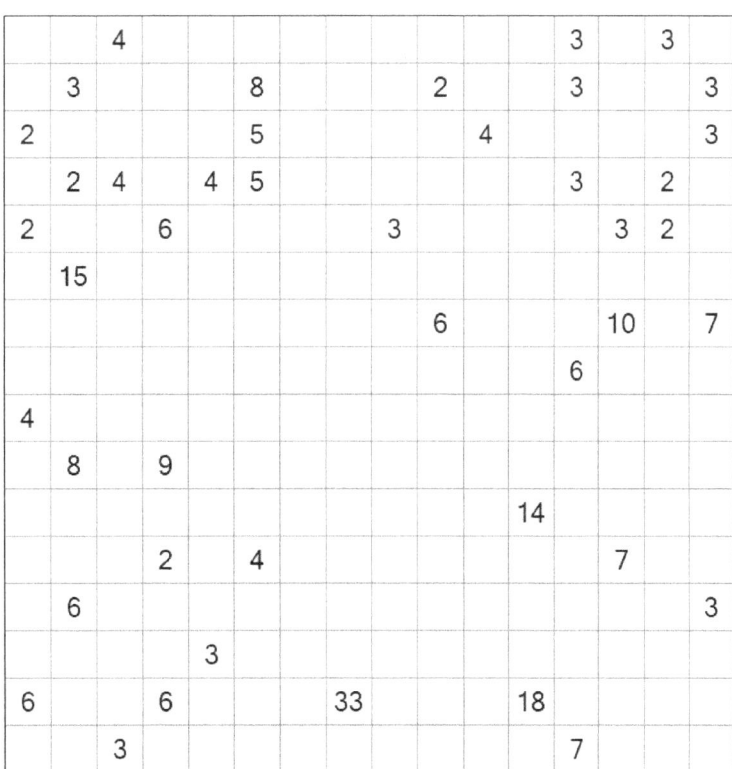

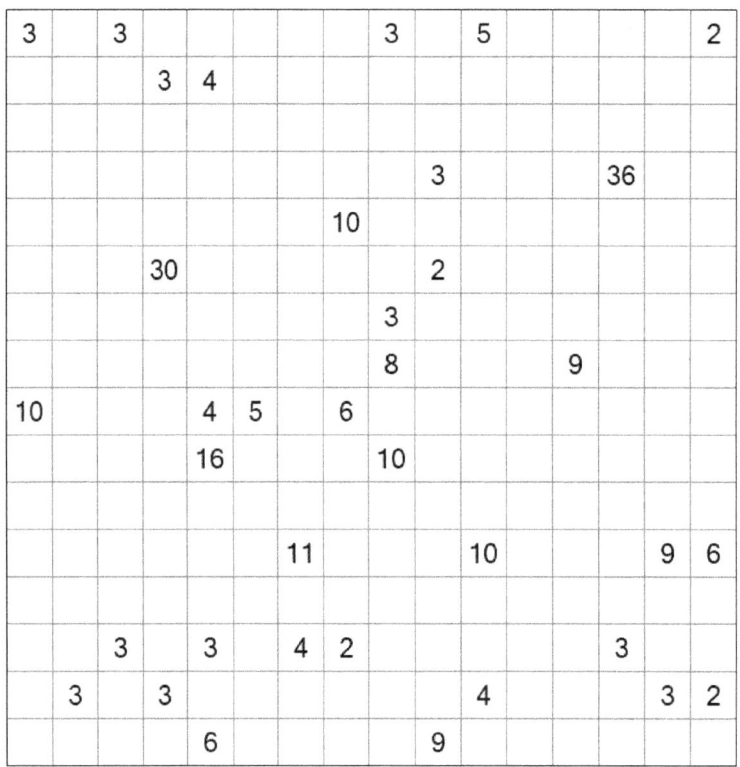

Shikaku 43

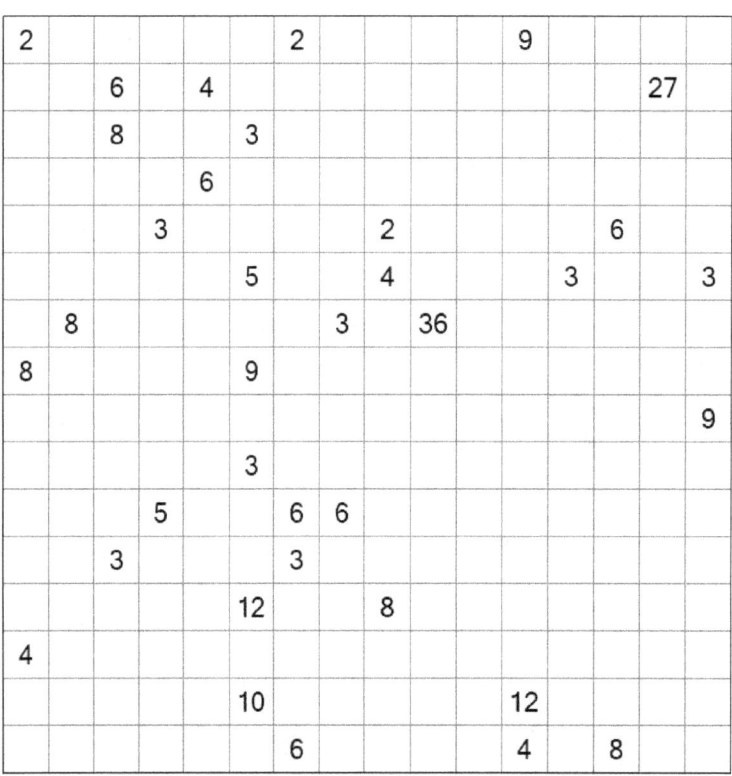

Shikaku 44

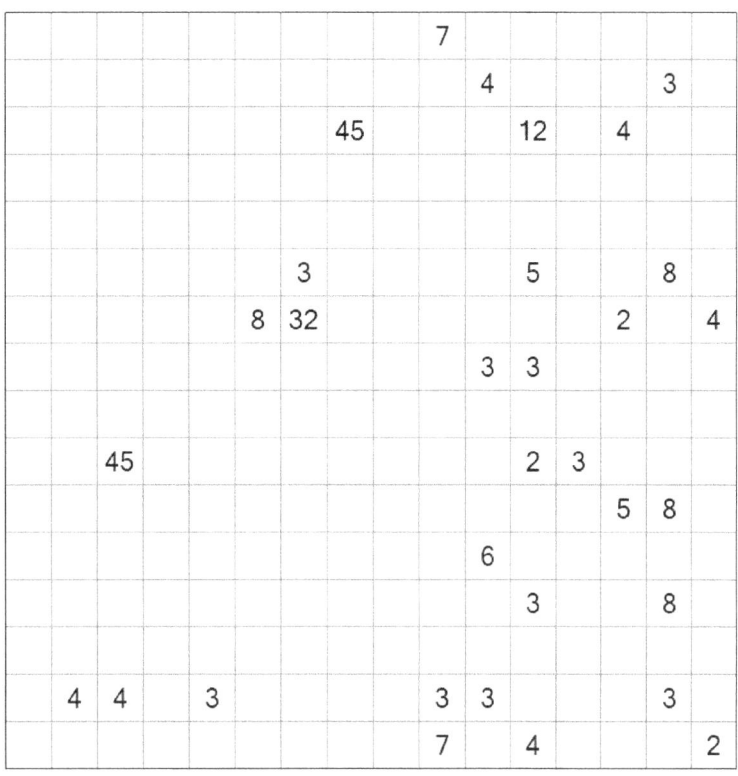

Shikaku 45

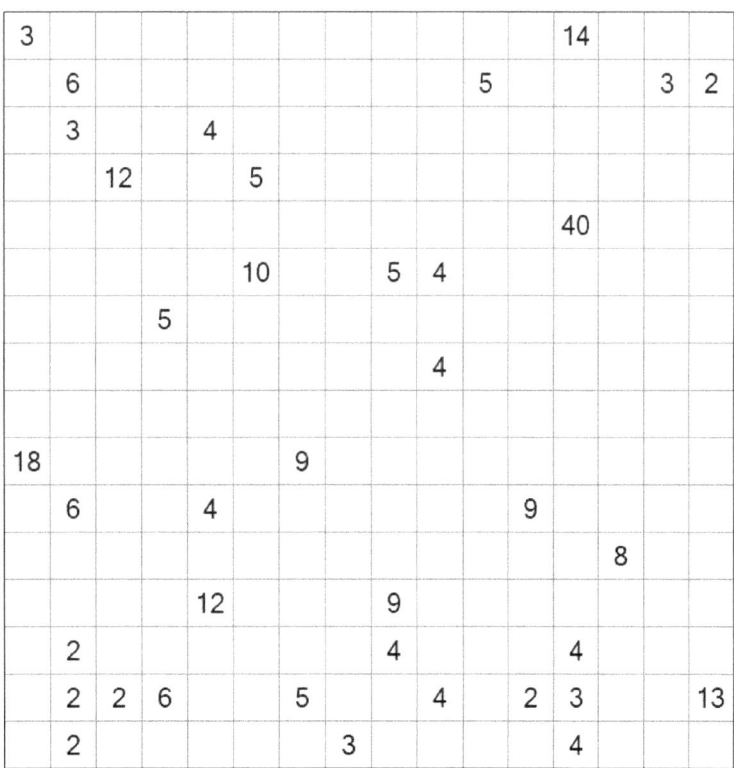

Shikaku 46

Shikaku 47

				11							
										7	
				4		4		2	3		
					4				4		4
			8			8	3				
	21										
7										9	
		4			8		6	4		8	
			5					6			24
8			4	4							
8											
		3		8							
	6	6				28			12		
								3		2	

Shikaku 48

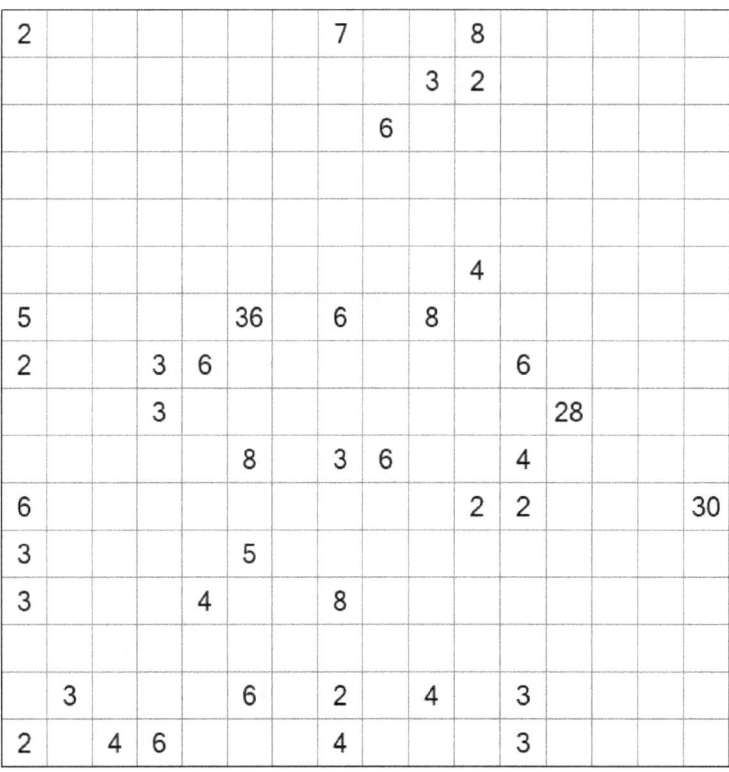

Shikaku 49

Shikaku 50
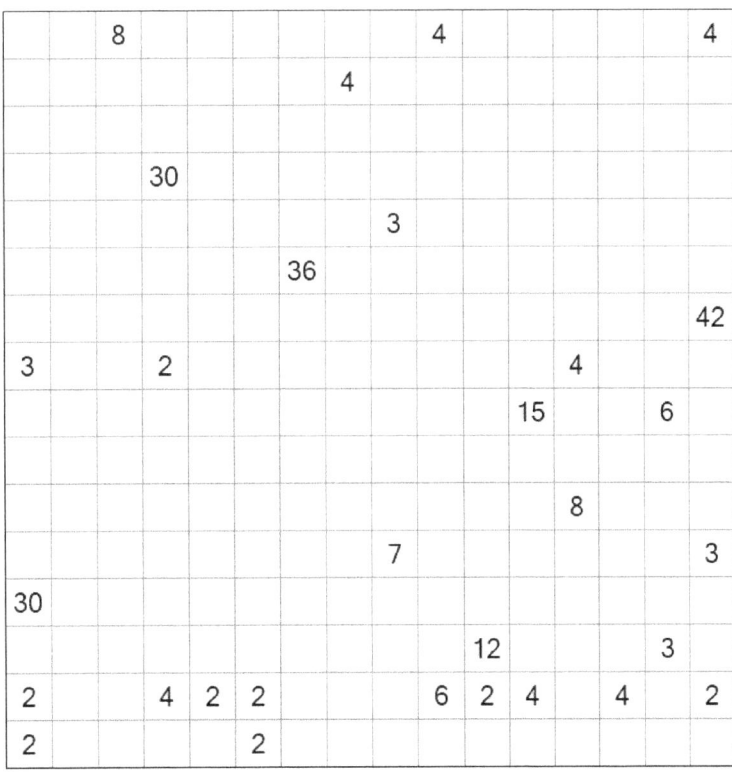

Shikaku 51

Shikaku 52

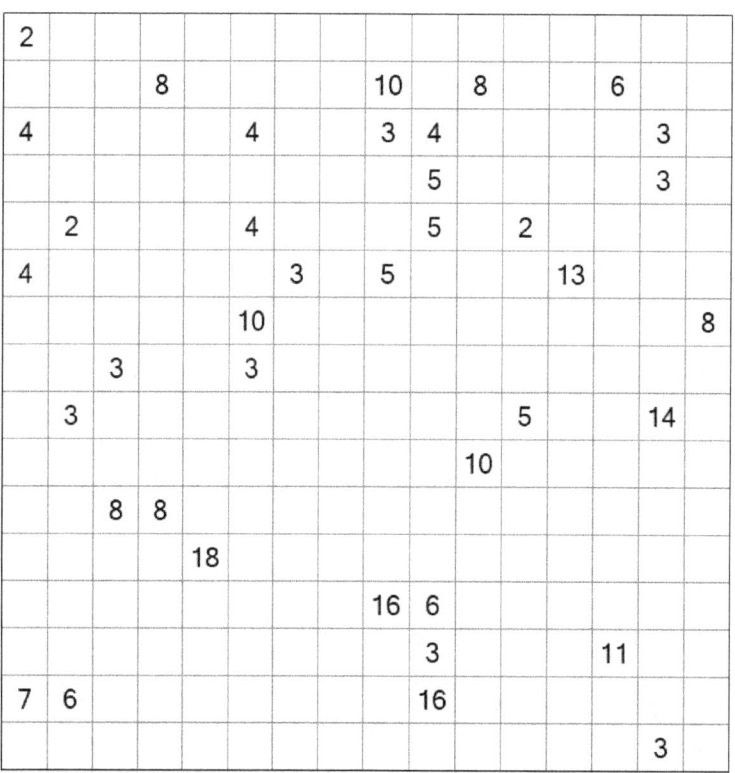

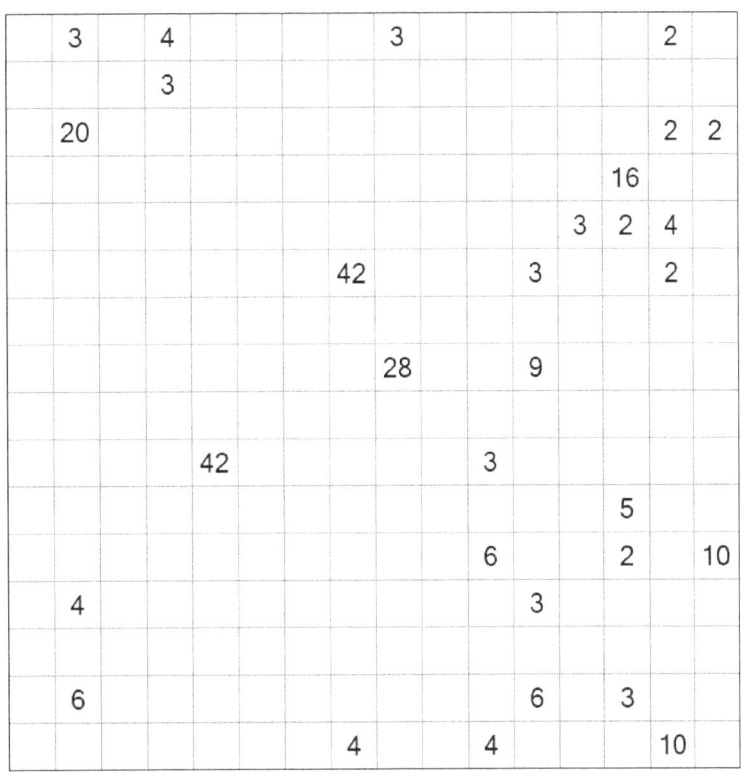

Shikaku 53

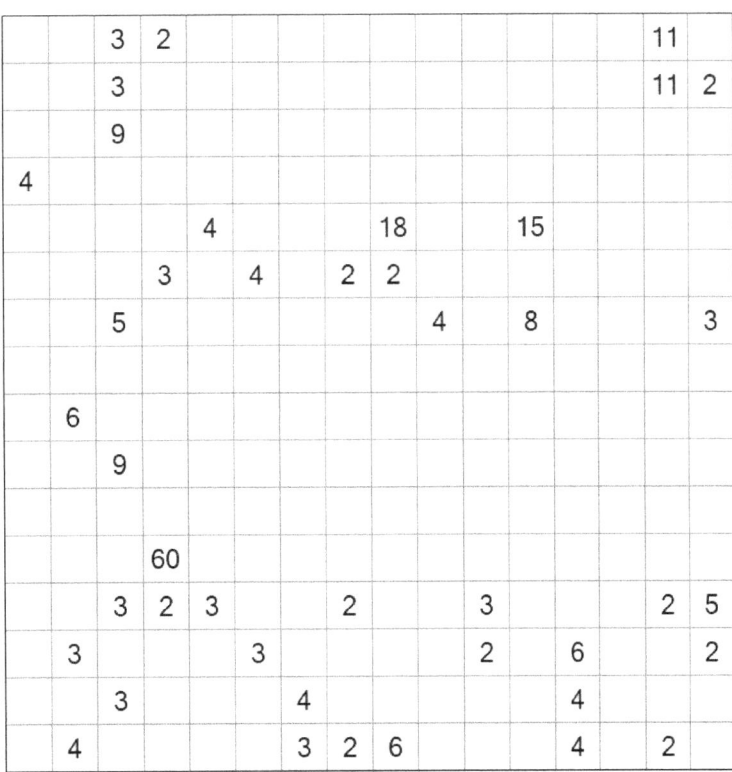

Shikaku 54

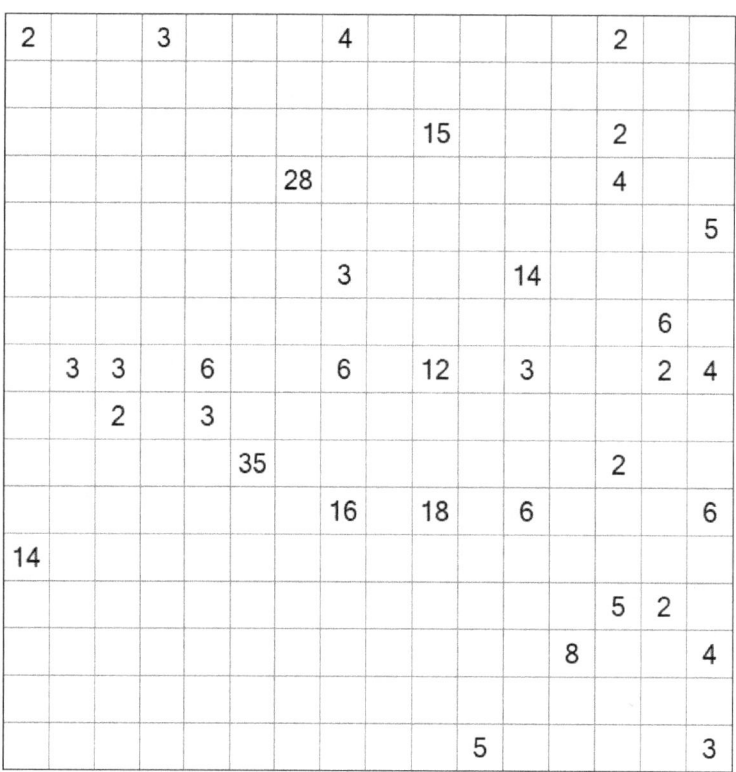

Shikaku 55

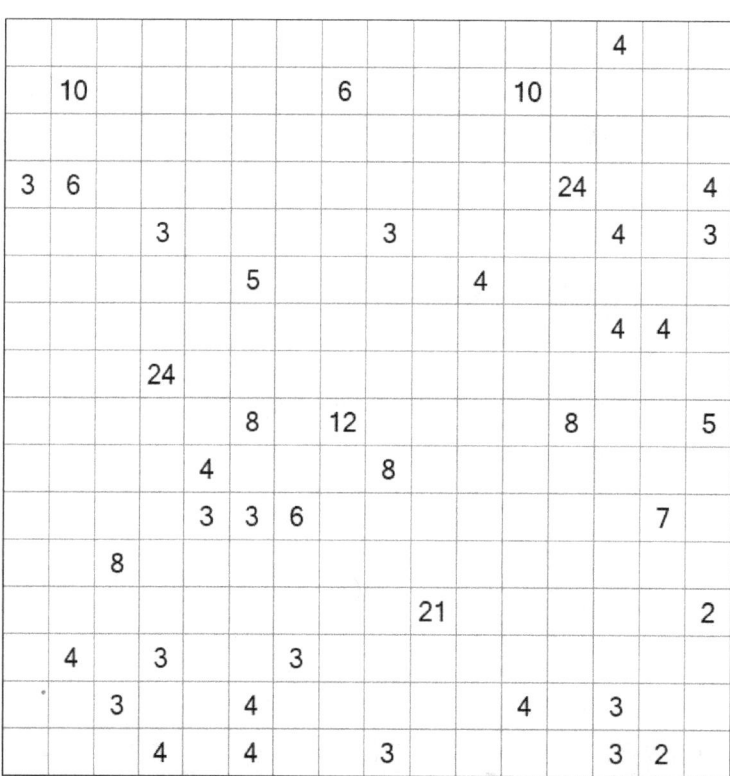

Shikaku 56

Shikaku 57

Shikaku 58

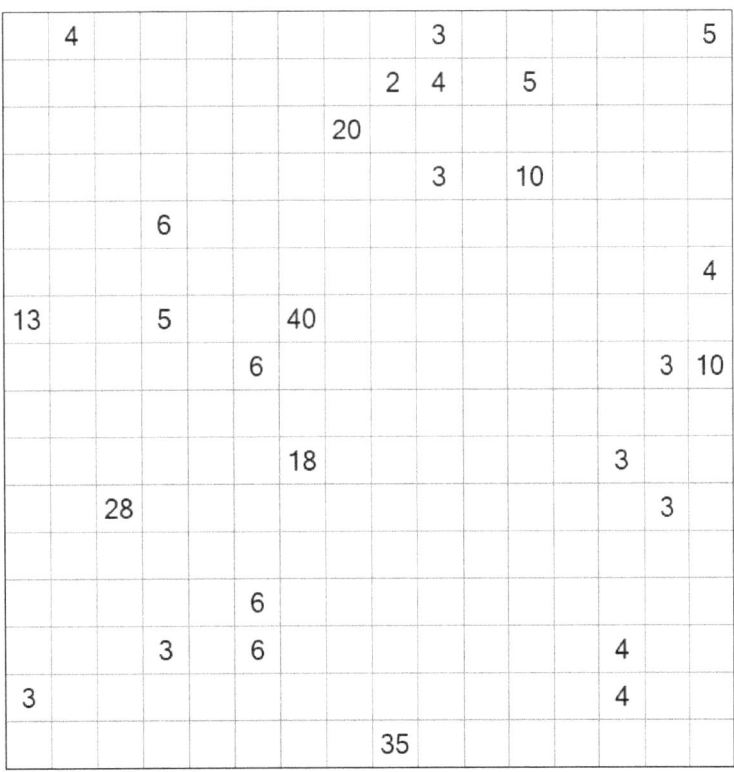

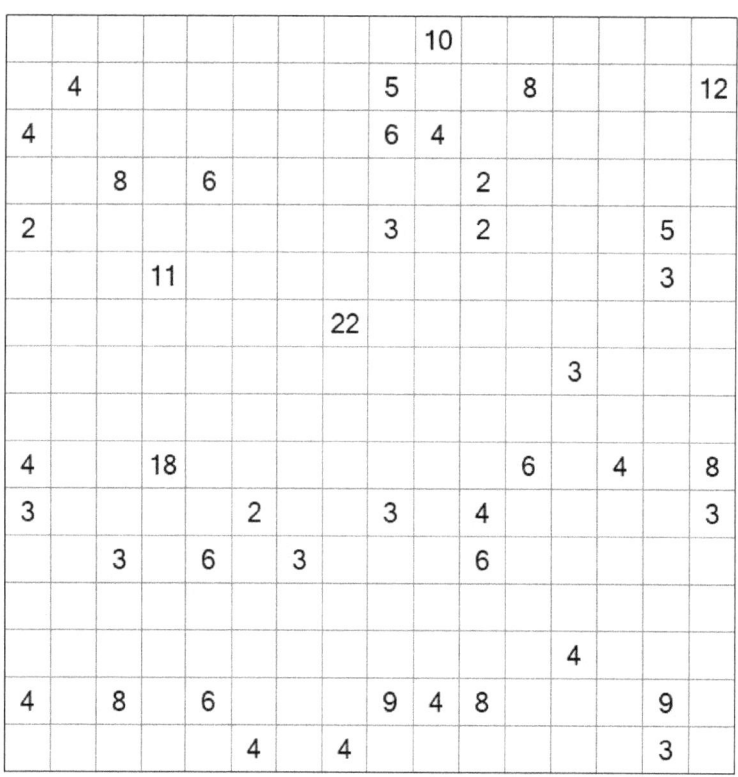

Shikaku 59

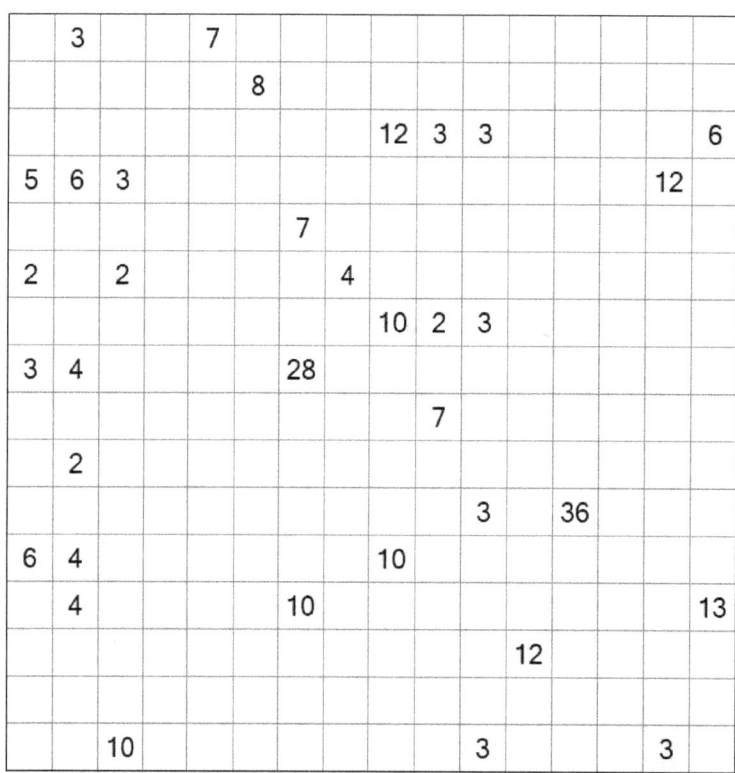

Shikaku 60

Shikaku 61

Shikaku 62

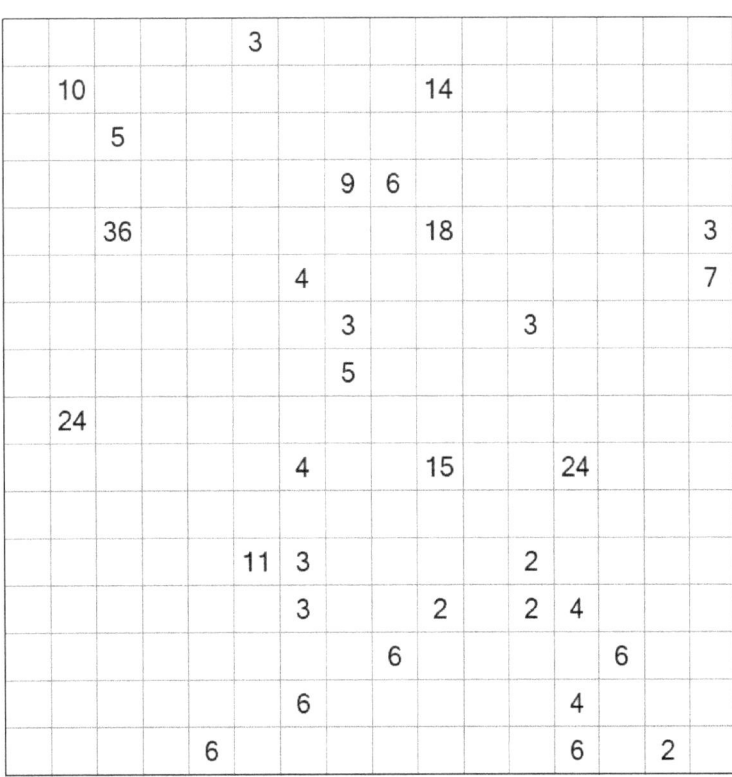

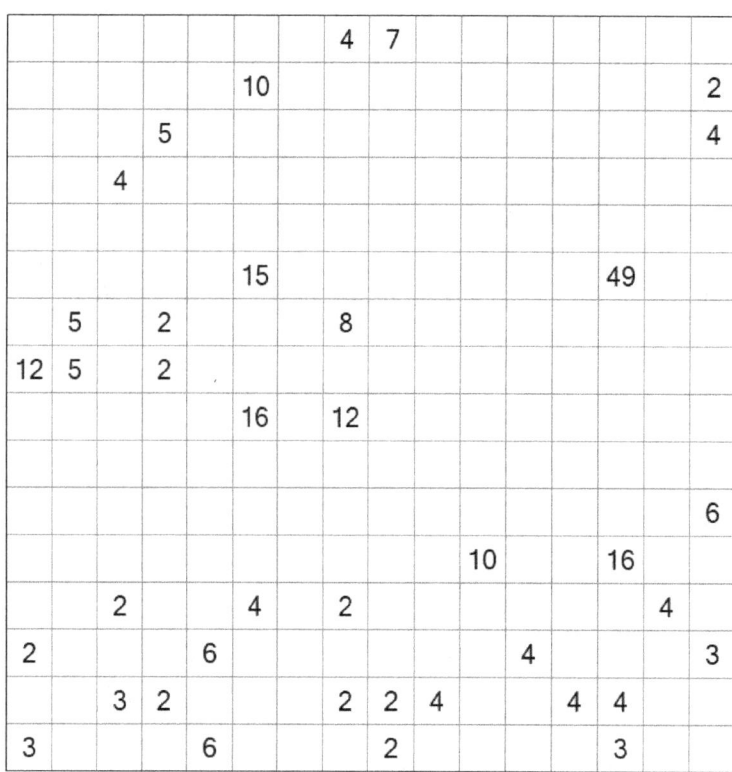

Shikaku 63

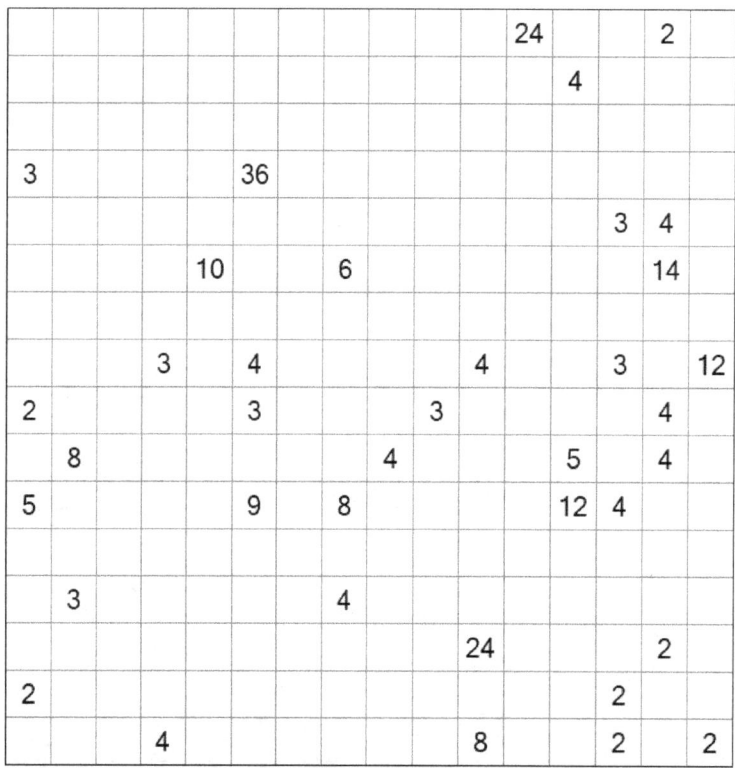

Shikaku 64

Shikaku 65

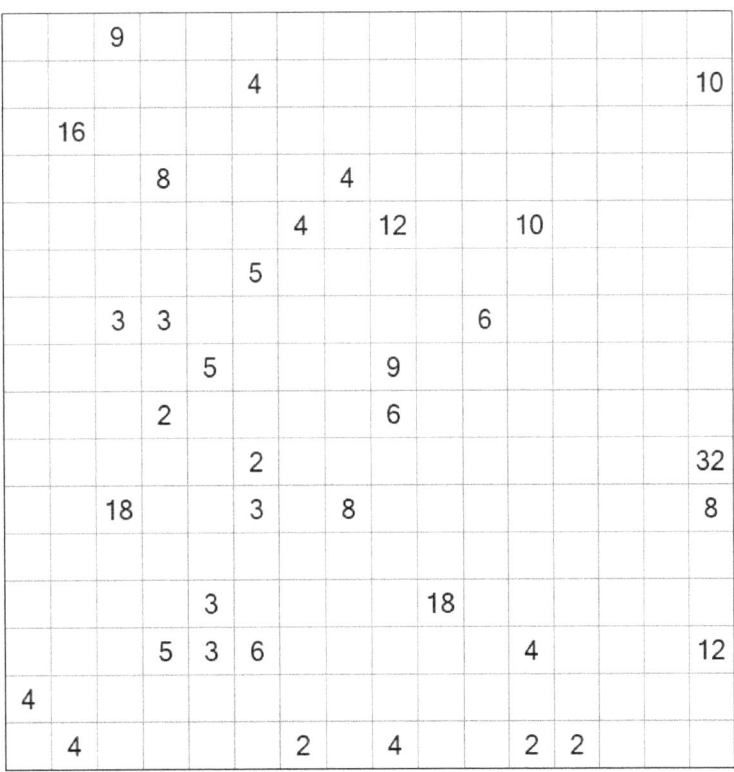

Shikaku 66

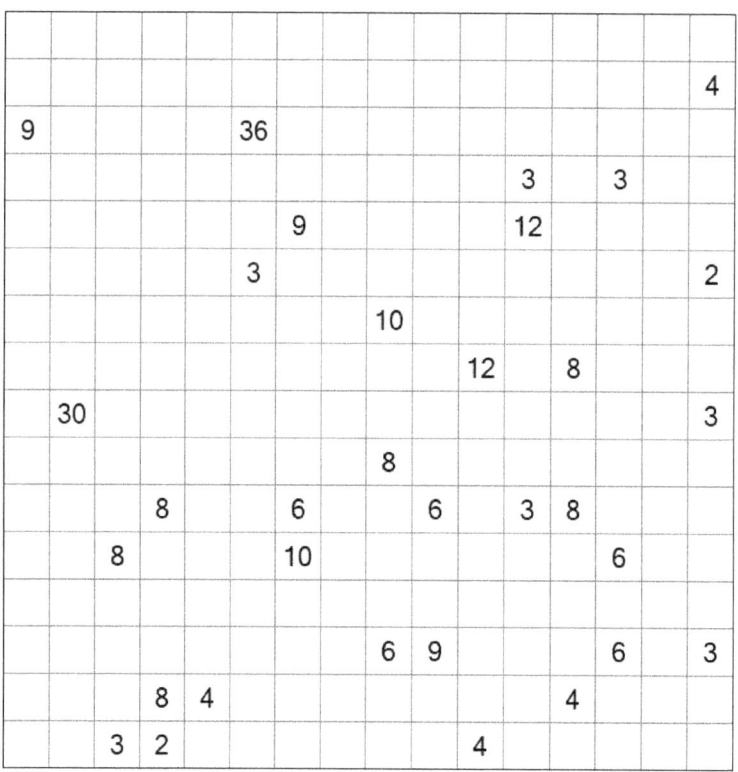

Shikaku 67

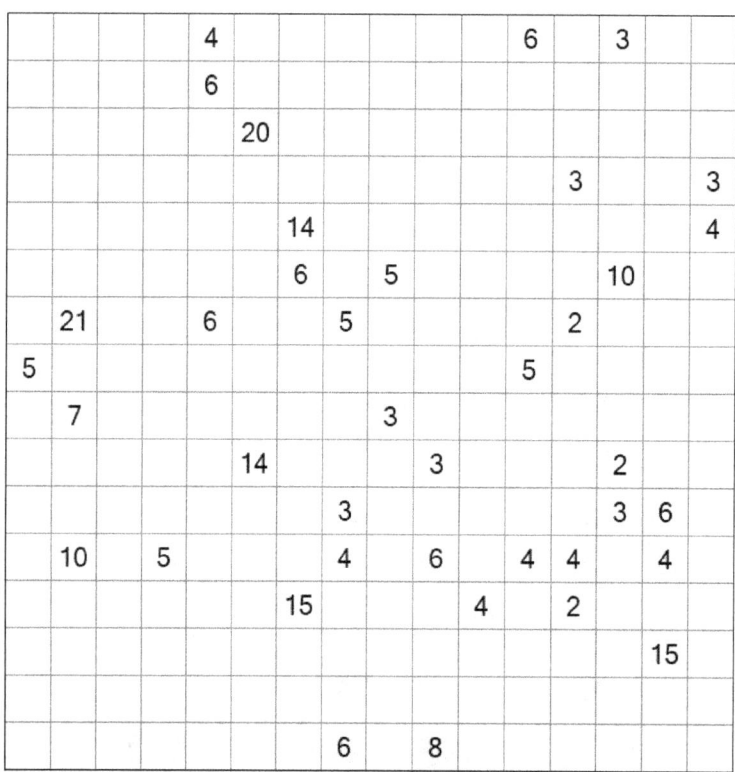

Shikaku 68

Shikaku 69

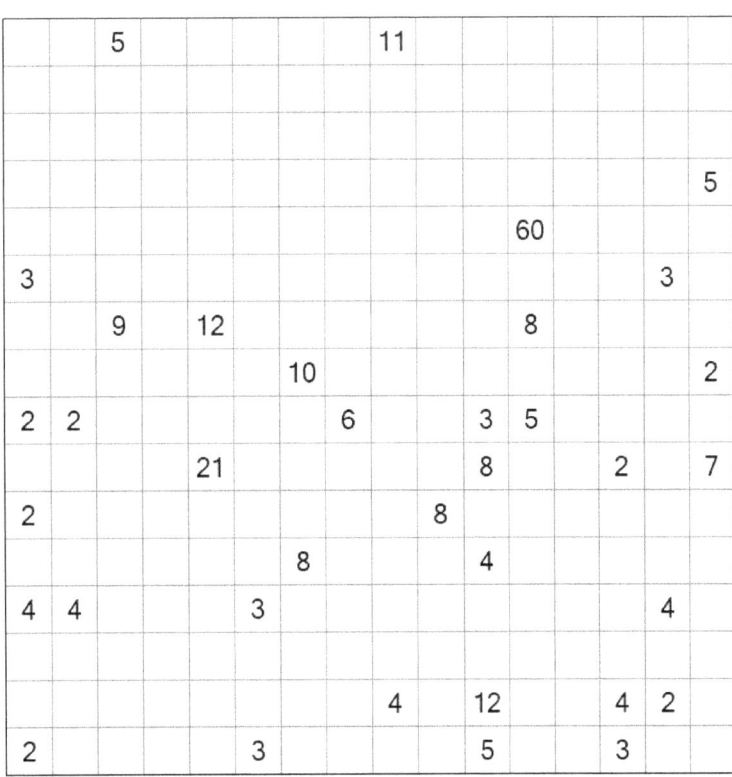

Shikaku 70

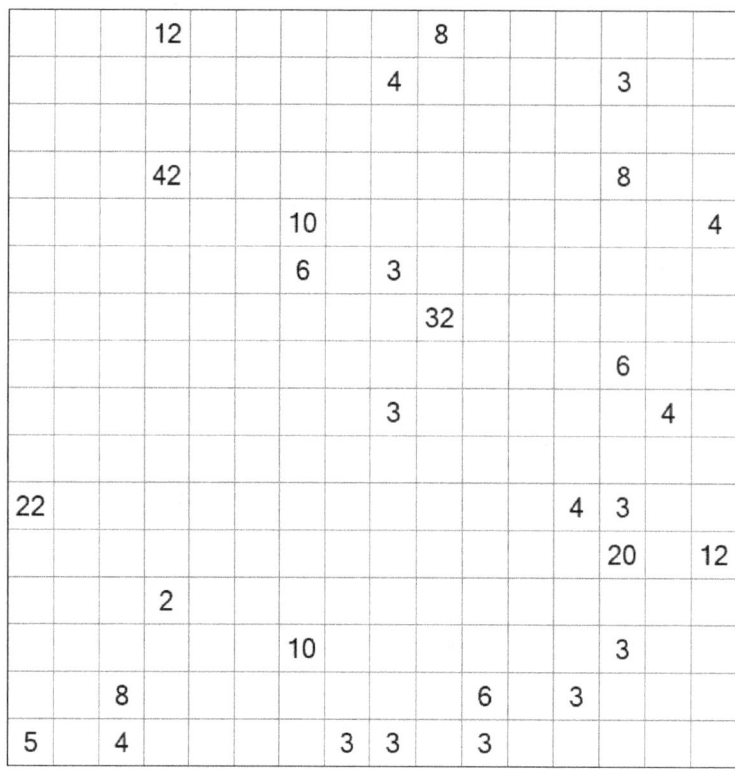

Shikaku 71

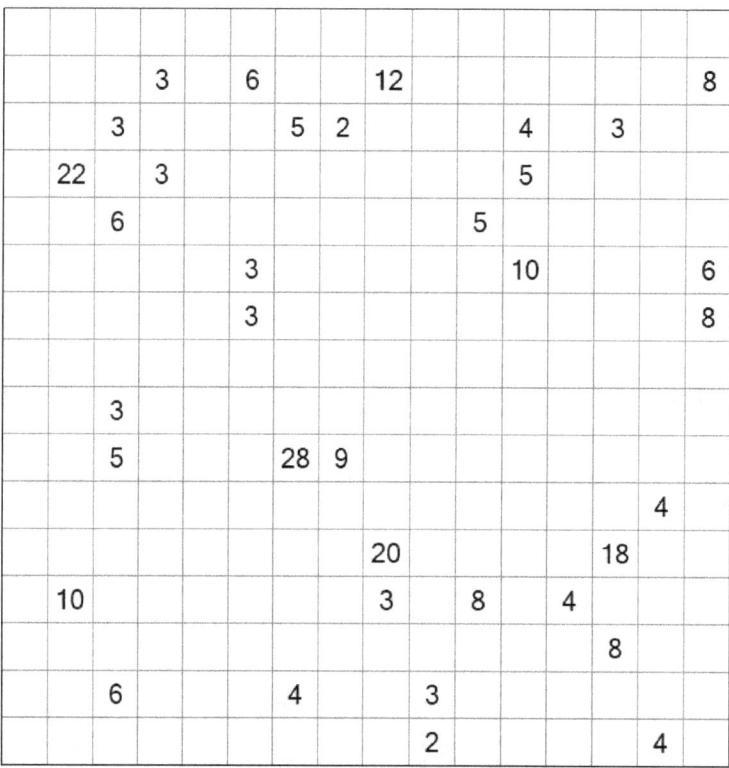

Shikaku 72

Shikaku 73

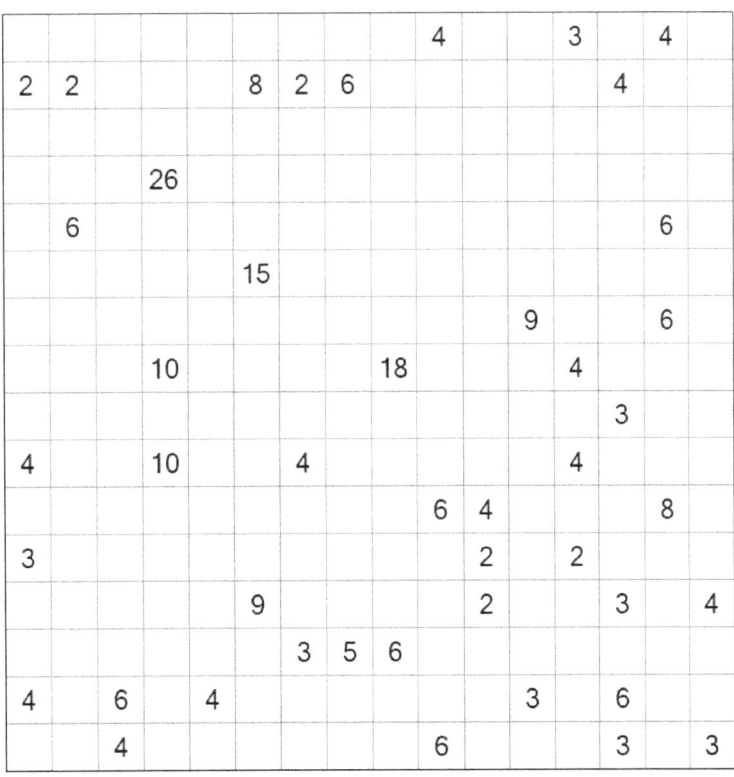

Shikaku 74

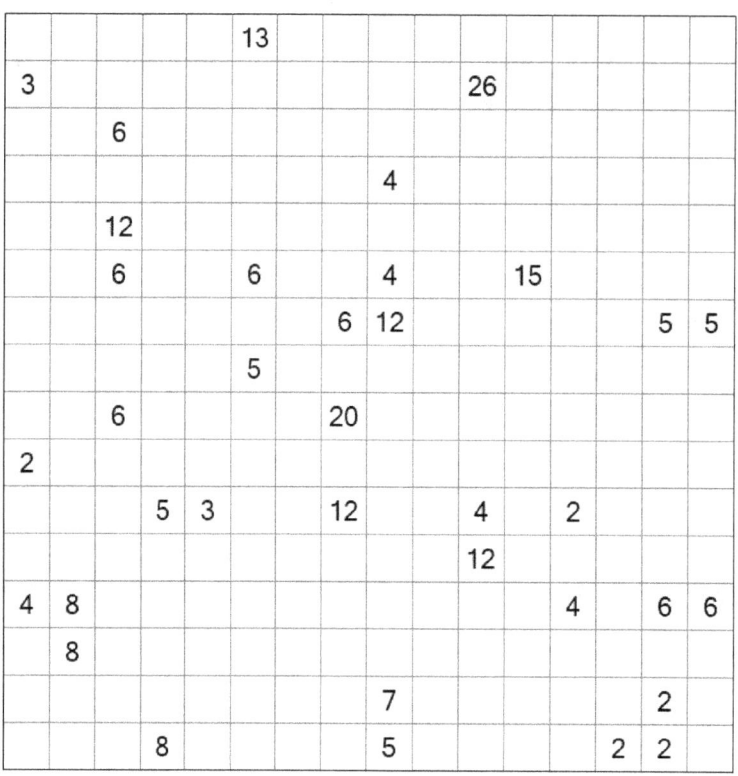

Shikaku 75

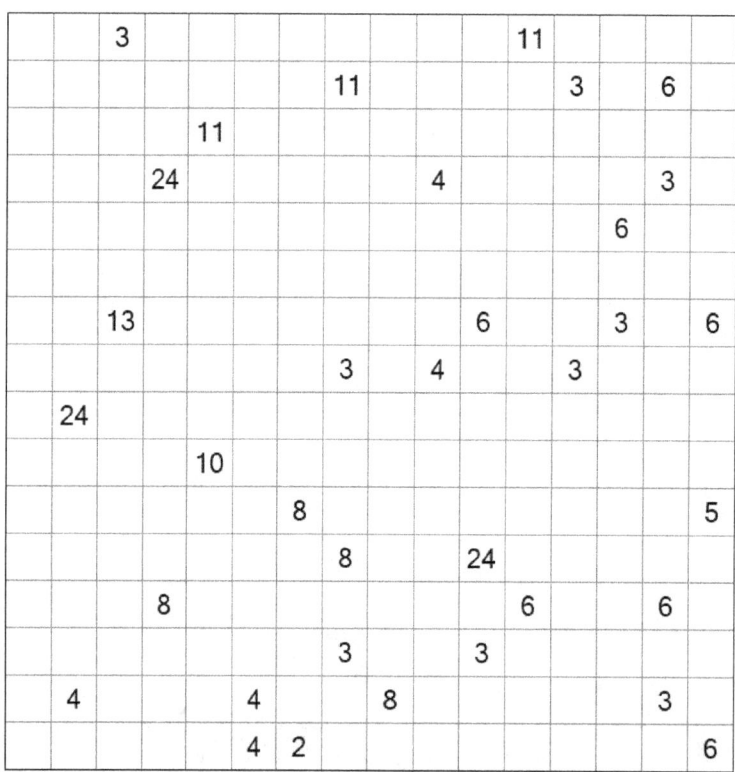

Shikaku 76

Shikaku 77

Shikaku 78

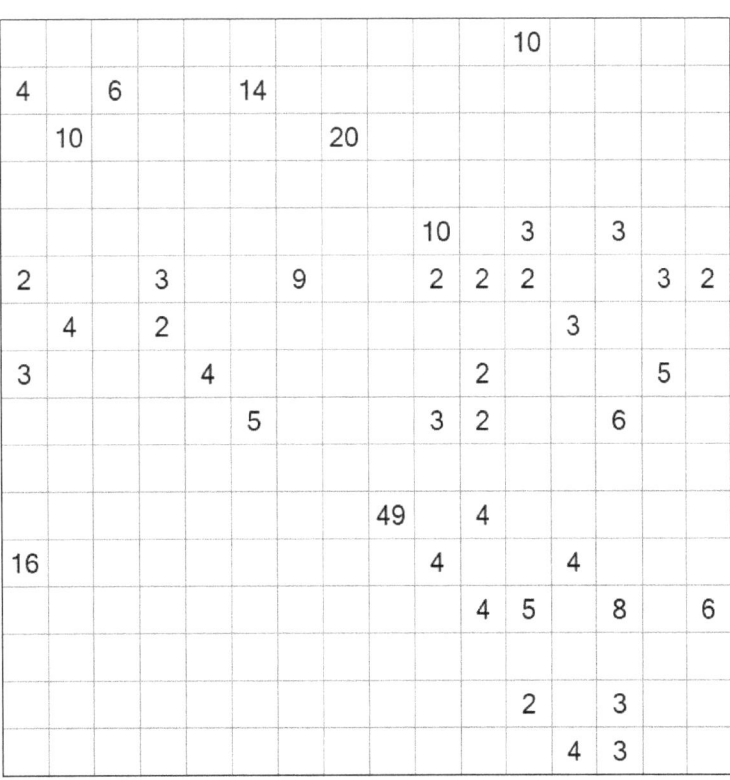

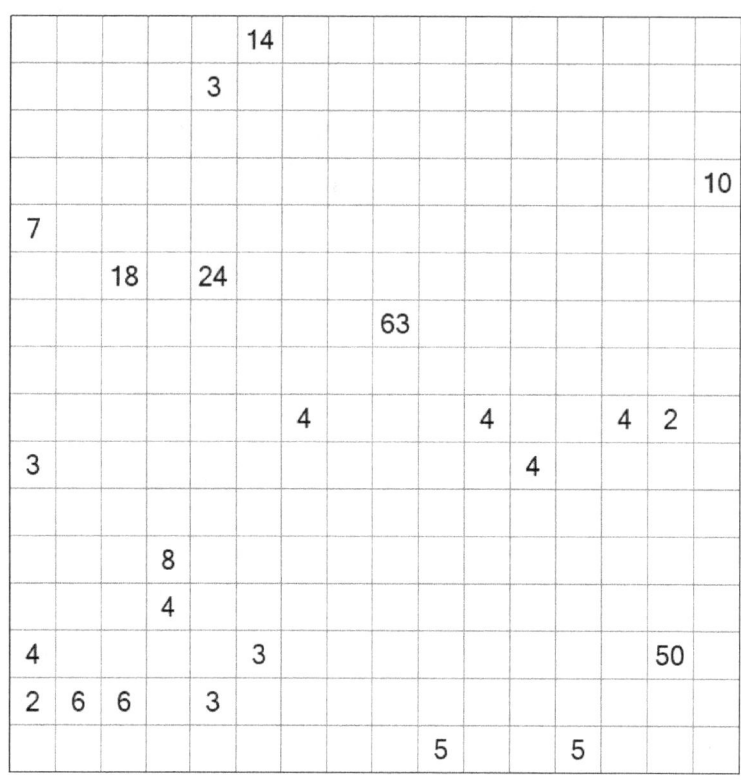

Shikaku 79

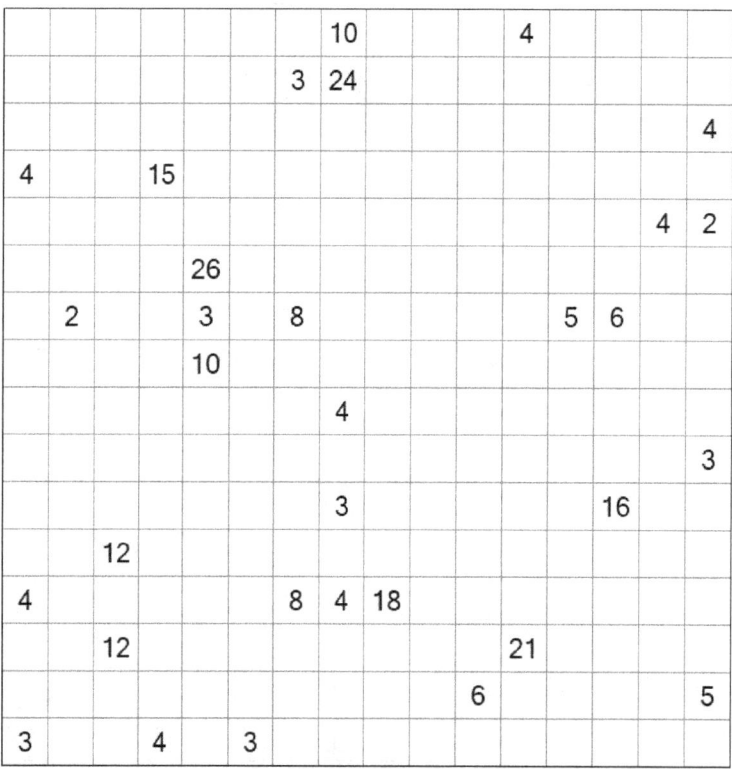

Shikaku 80

Shikaku 81

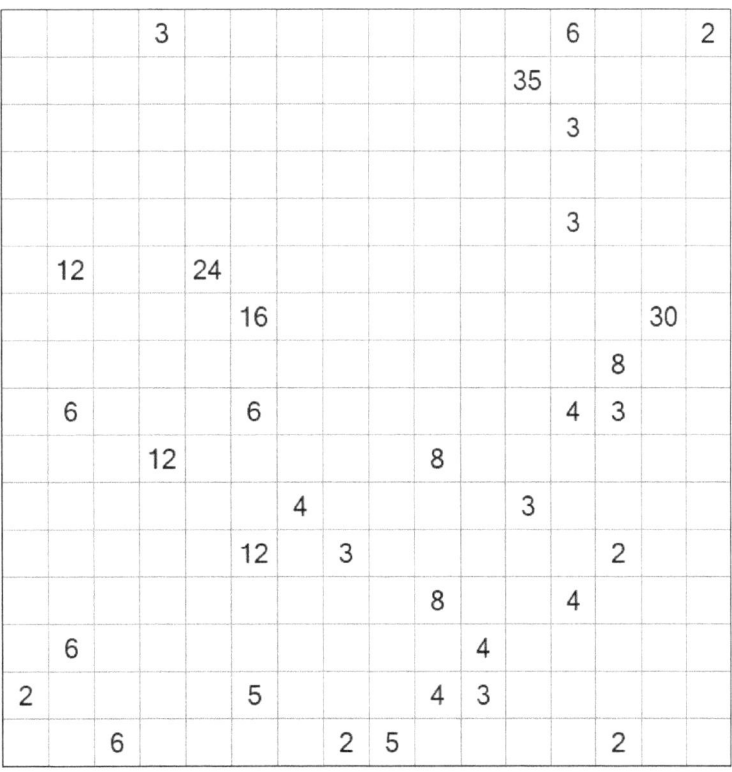

Shikaku 82

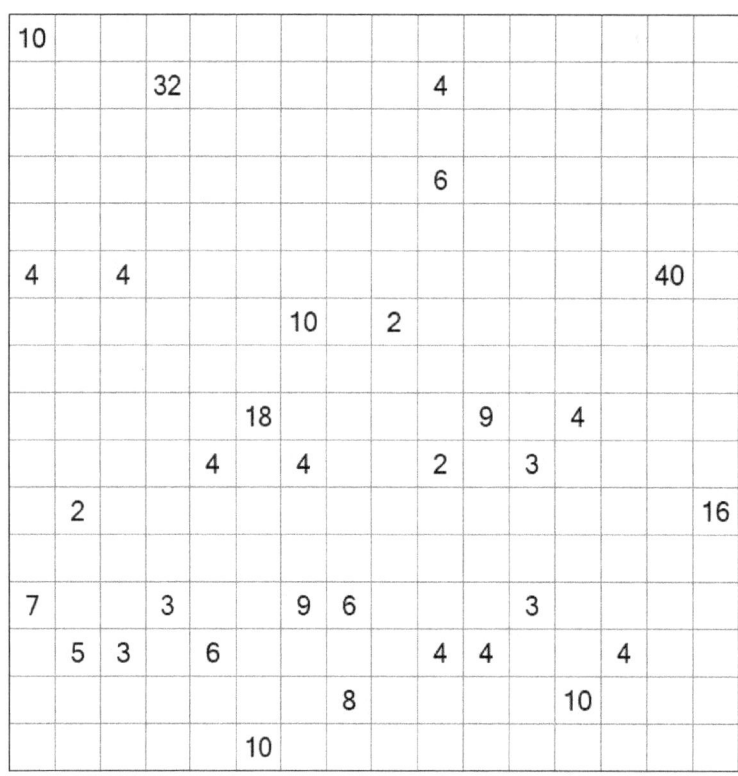
Shikaku 83

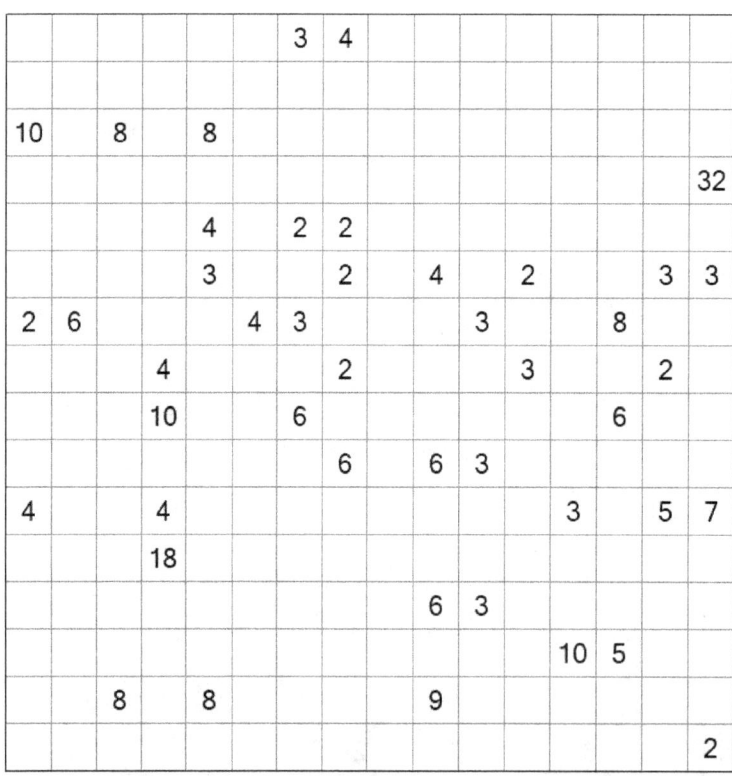
Shikaku 84

Shikaku 85

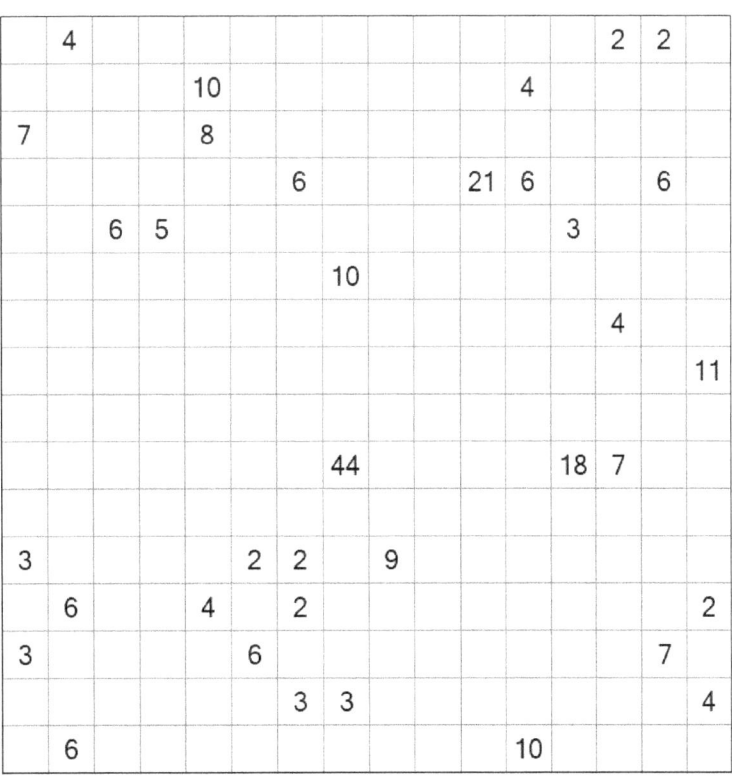

Shikaku 86

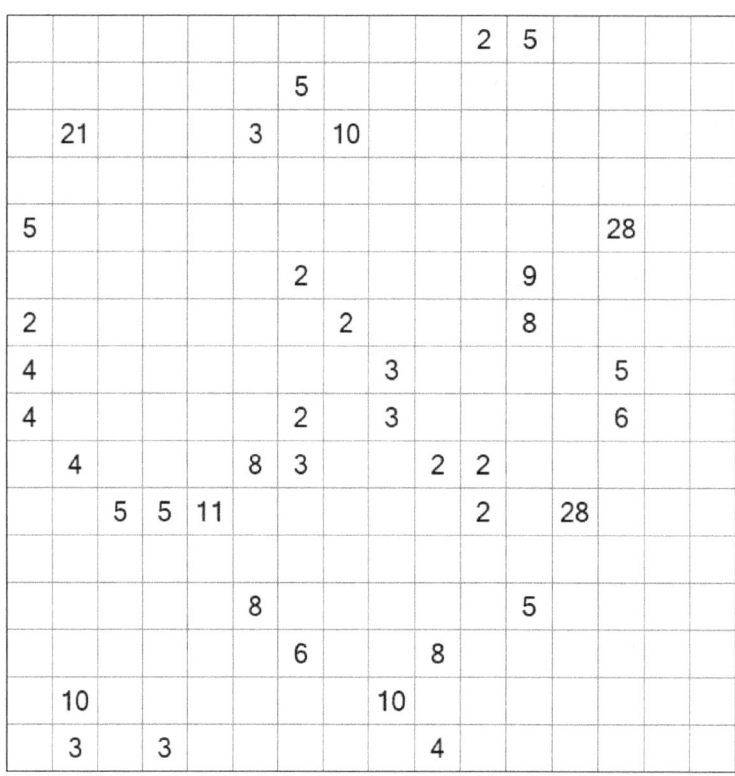
Shikaku 87

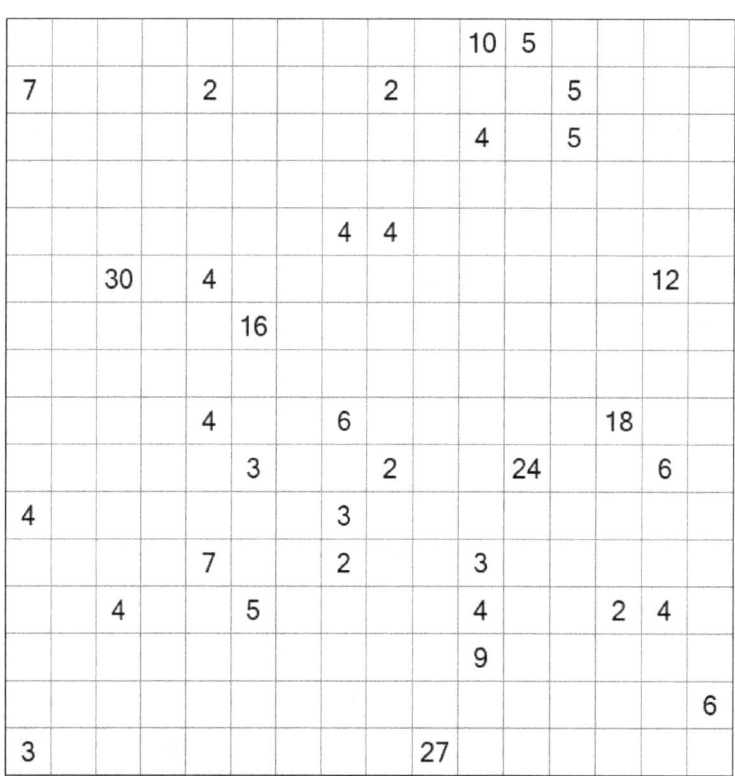
Shikaku 88

Shikaku 89

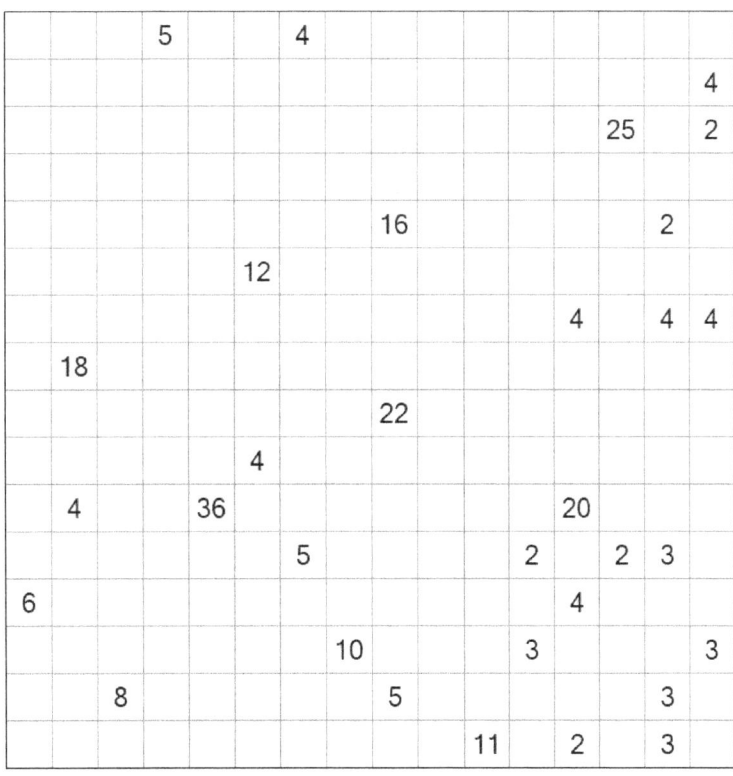

Shikaku 90

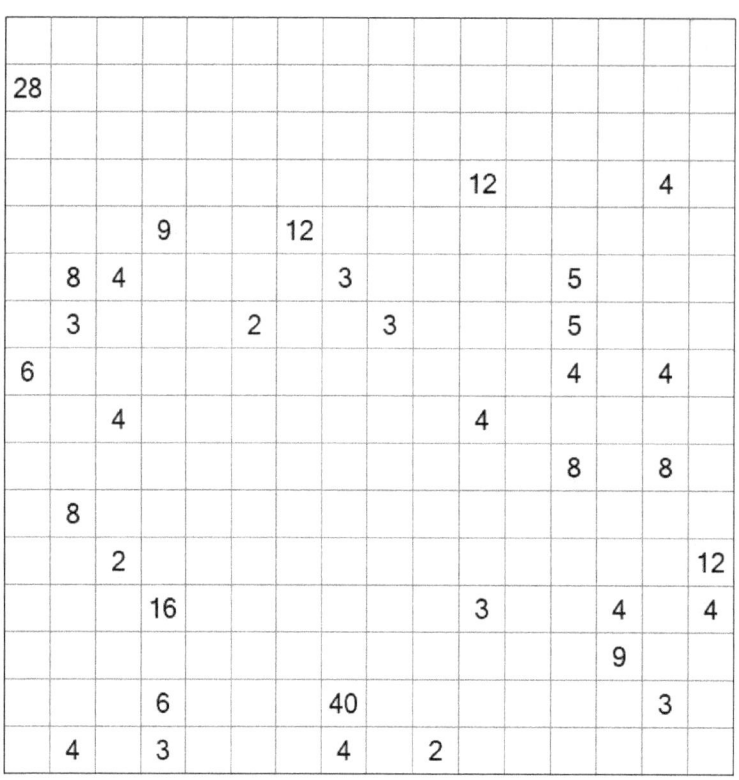

Shikaku 91

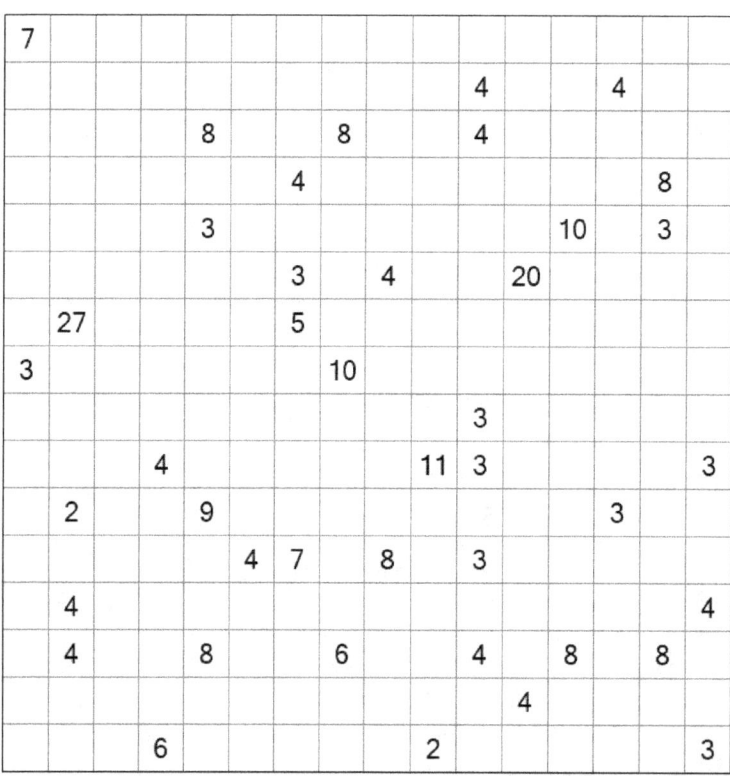

Shikaku 92

Shikaku 93

Shikaku 94

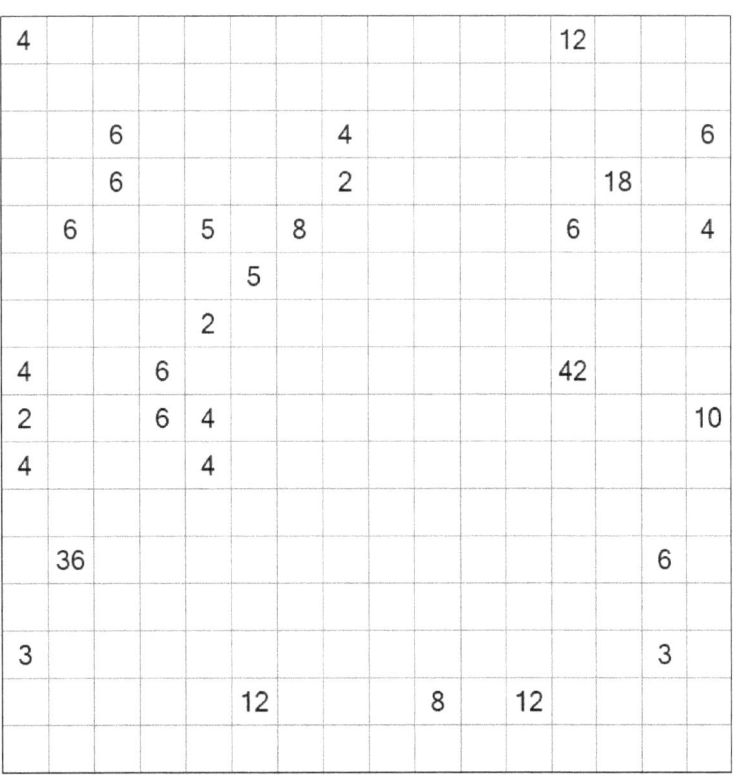

Shikaku 95

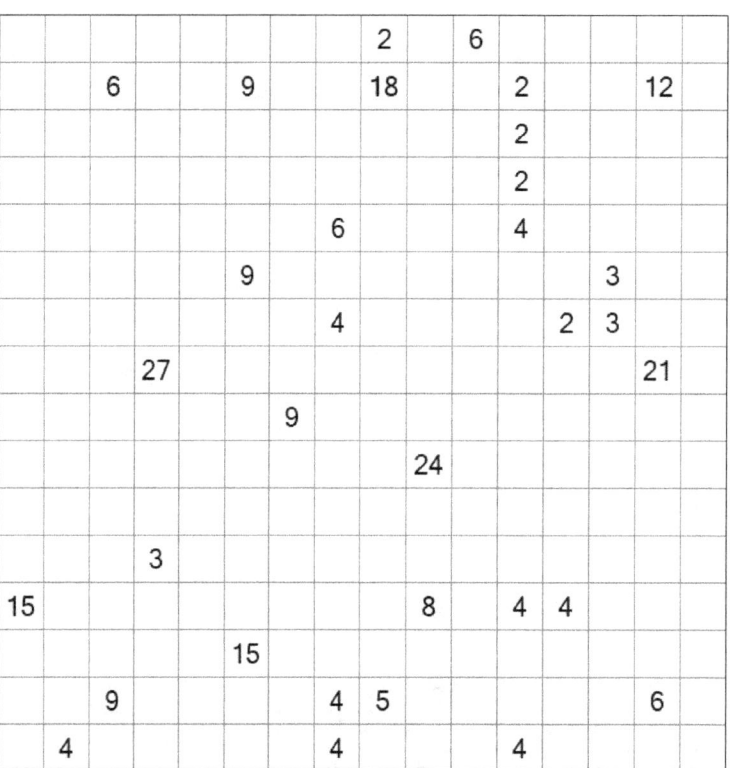

Shikaku 96

Shikaku 97

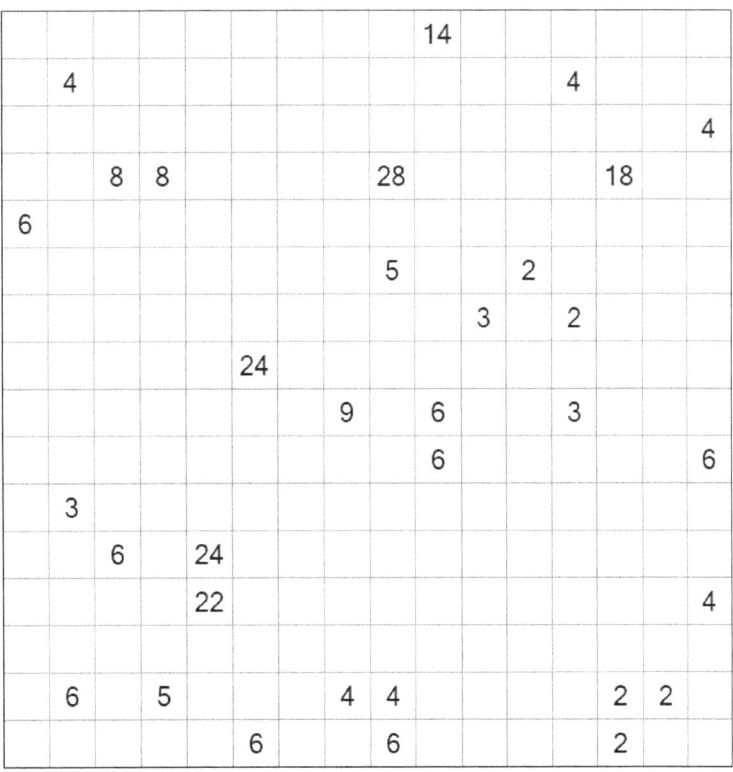

Shikaku 98

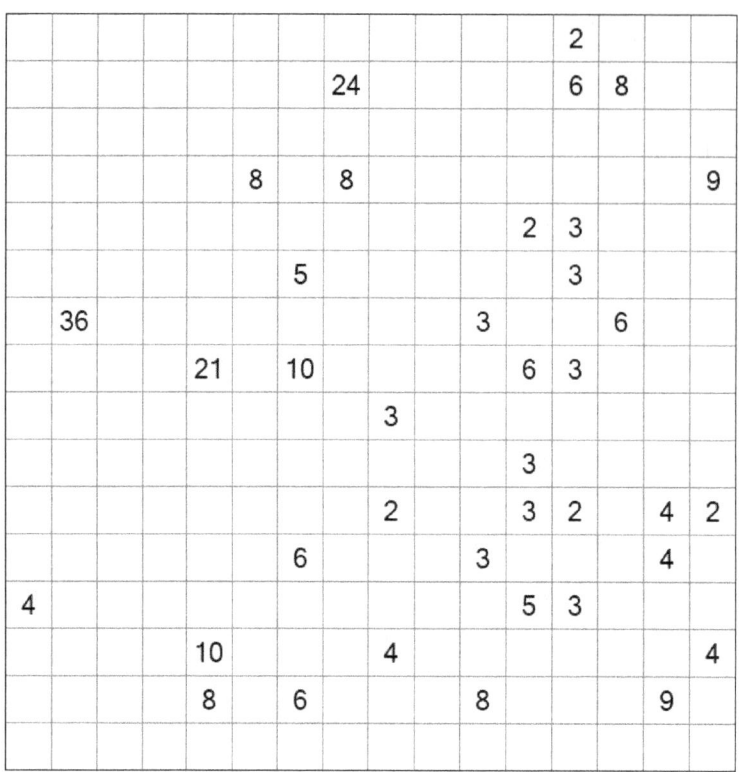

Shikaku 99

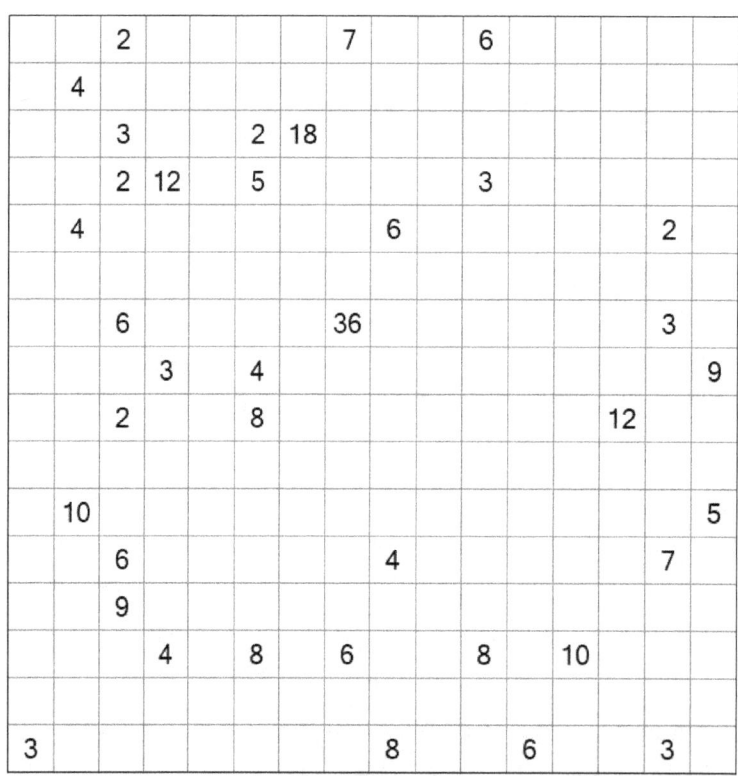

Shikaku 100

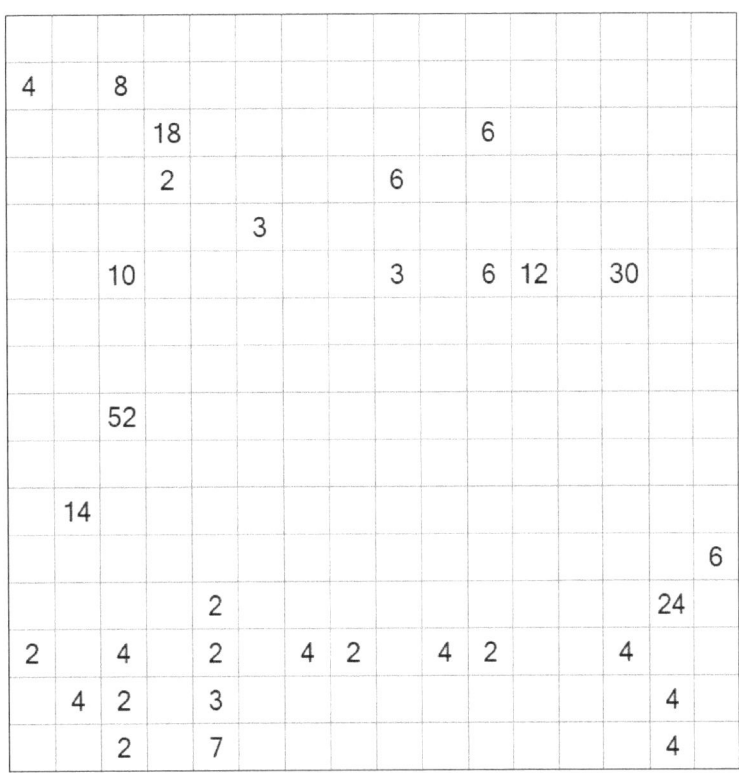

Shikaku 101

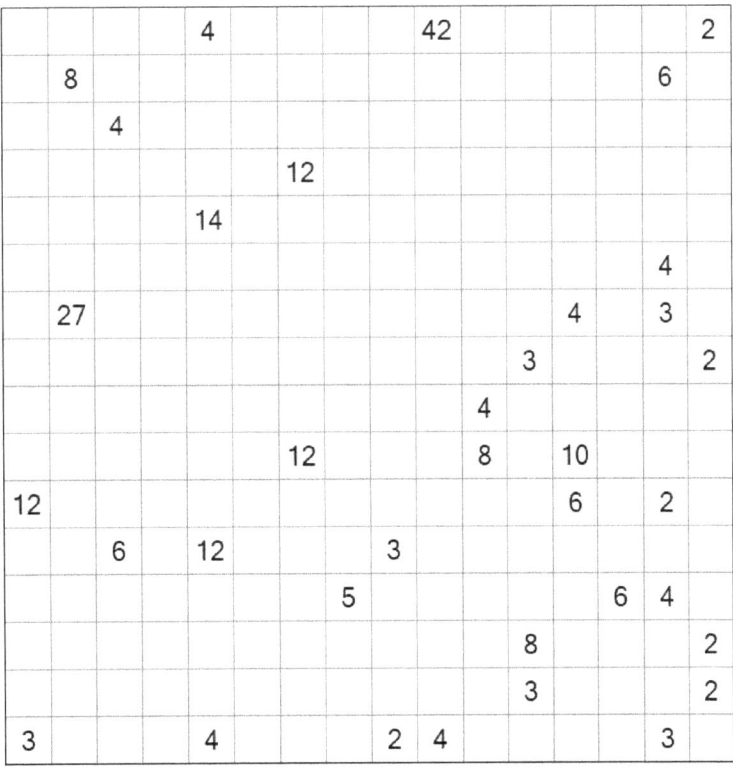

Shikaku 102

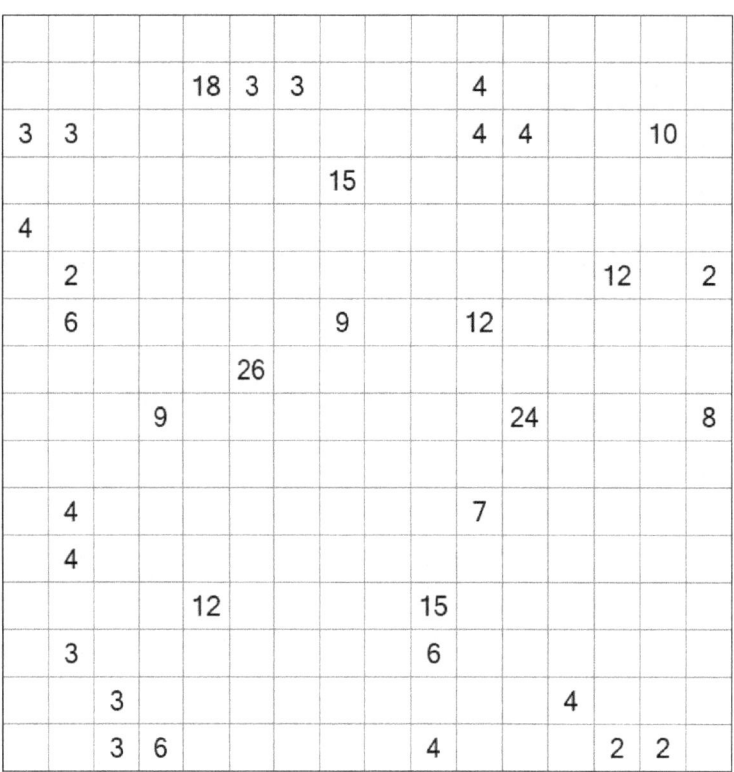
Shikaku 103

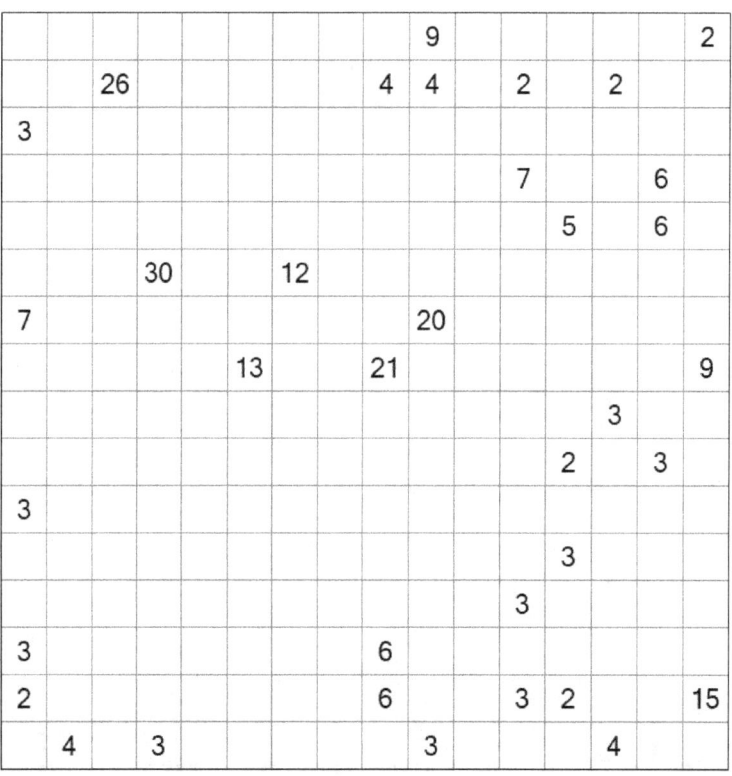
Shikaku 104

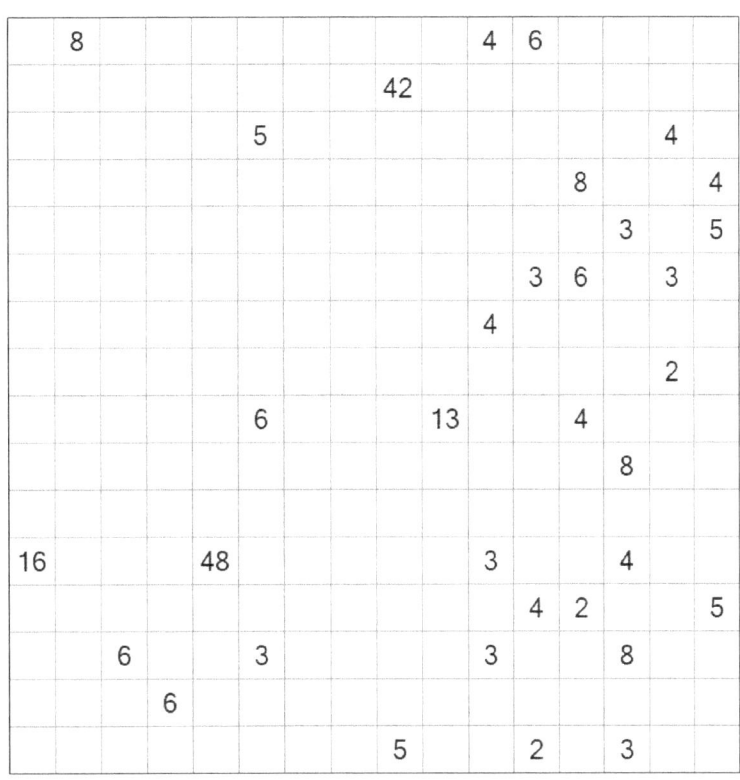

Shikaku 105

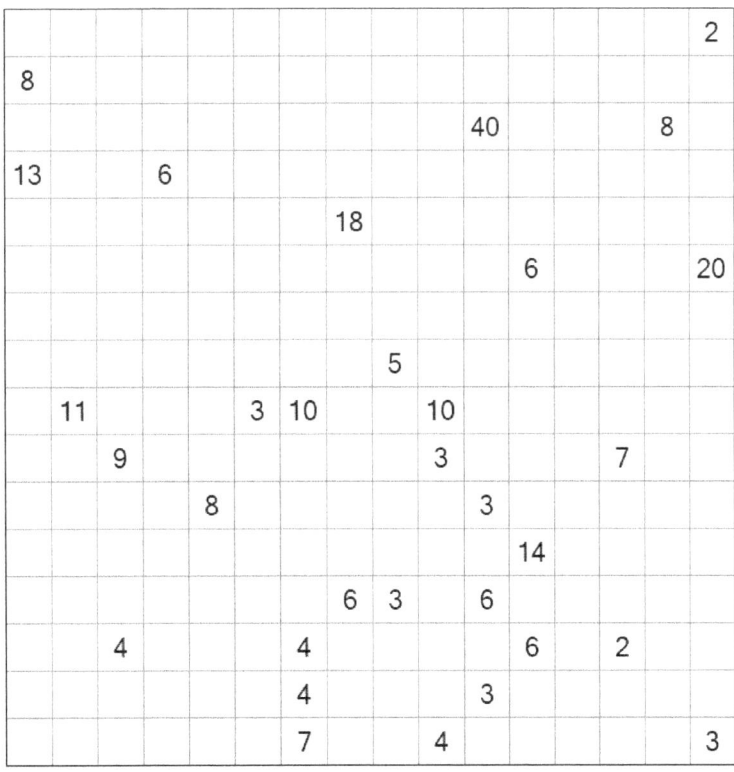

Shikaku 106

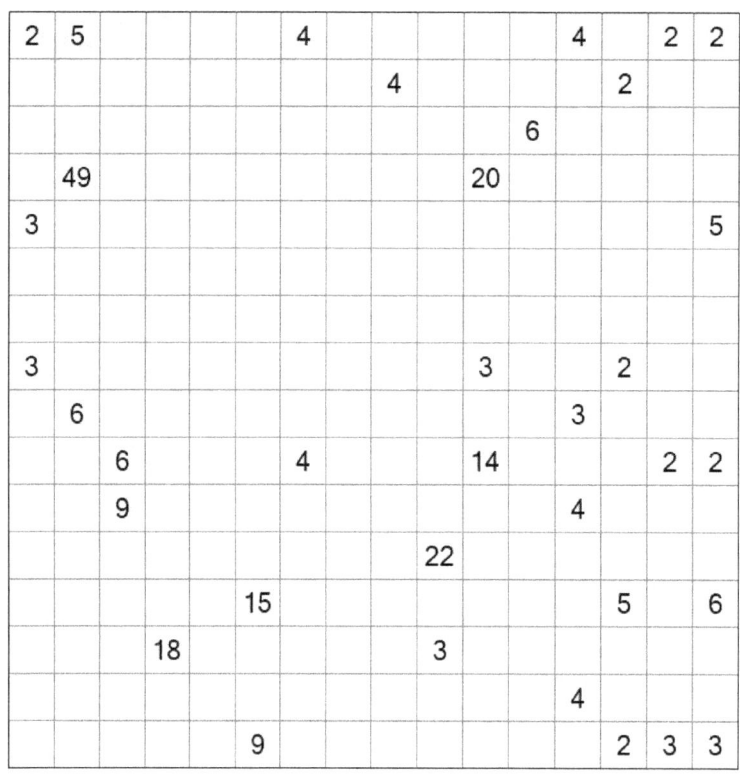
Shikaku 107

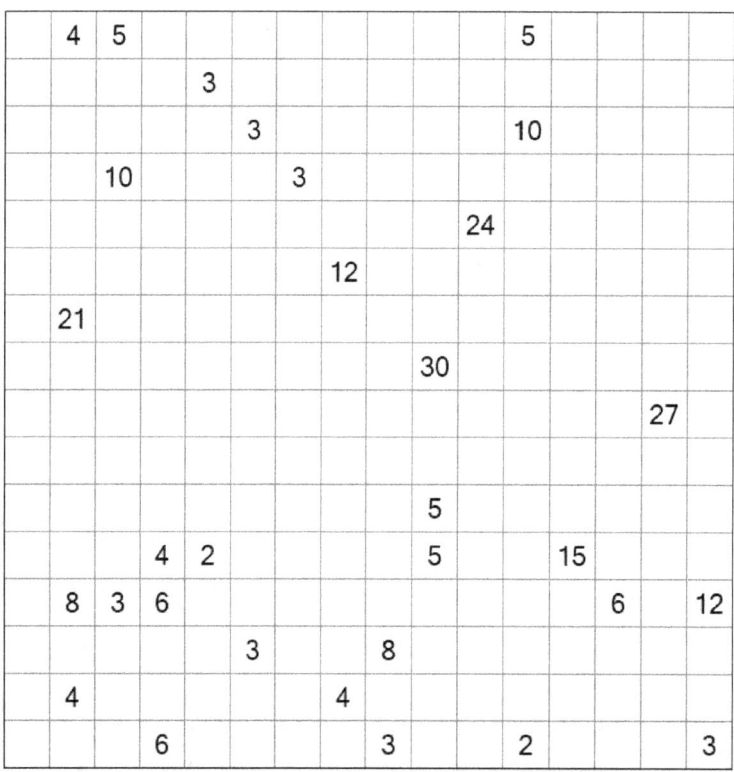
Shikaku 108

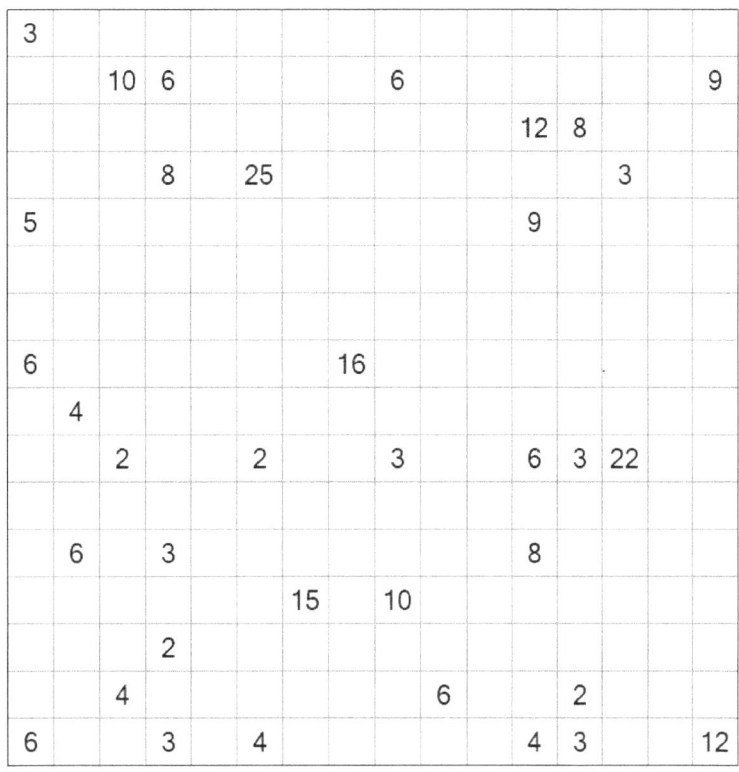

Shikaku 109

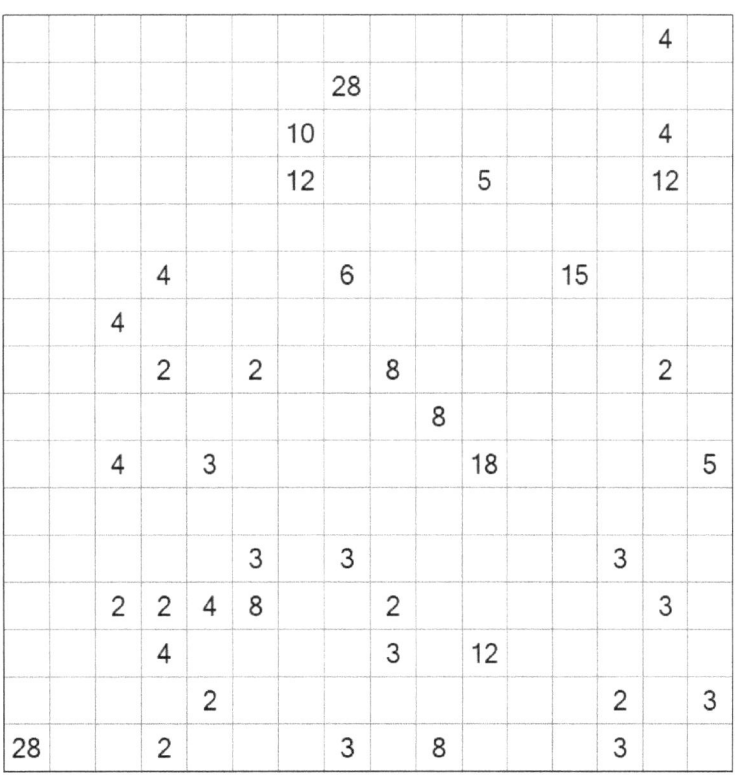

Shikaku 110

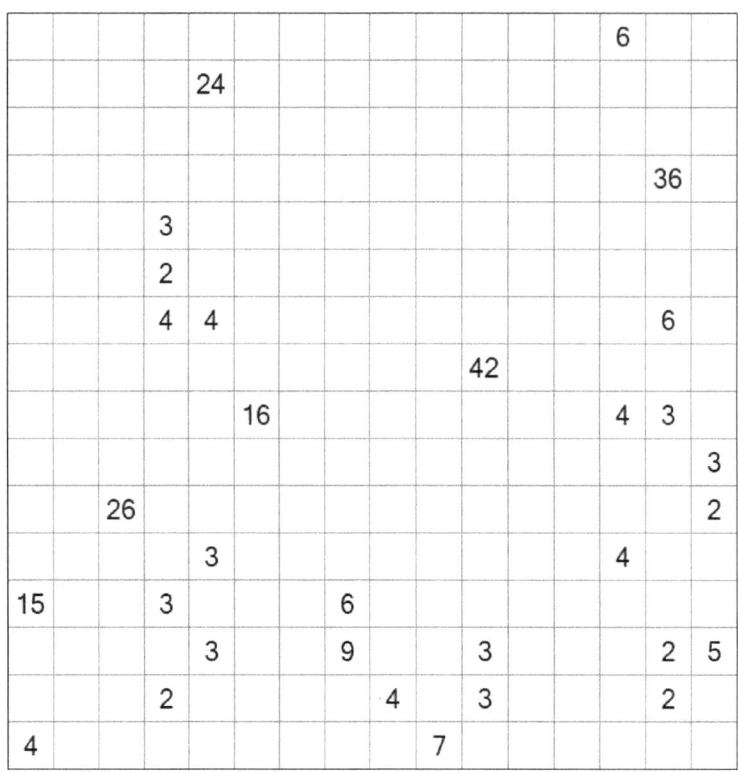

Shikaku 111

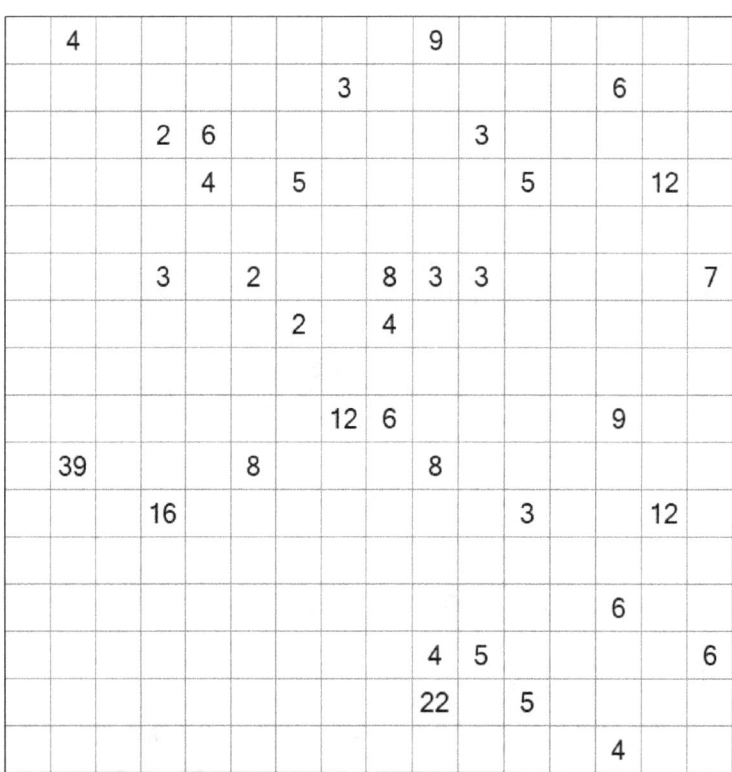

Shikaku 112

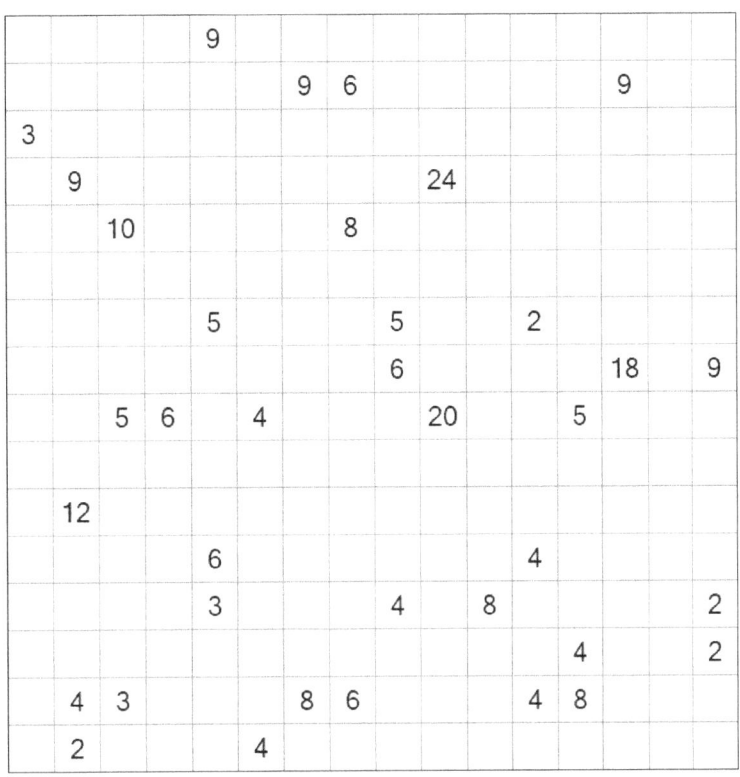
Shikaku 113

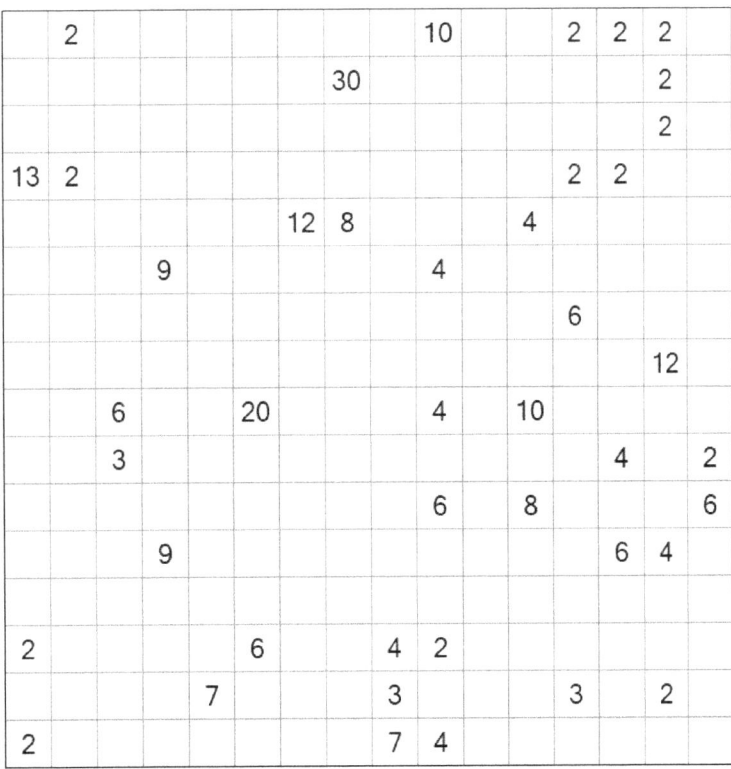
Shikaku 114

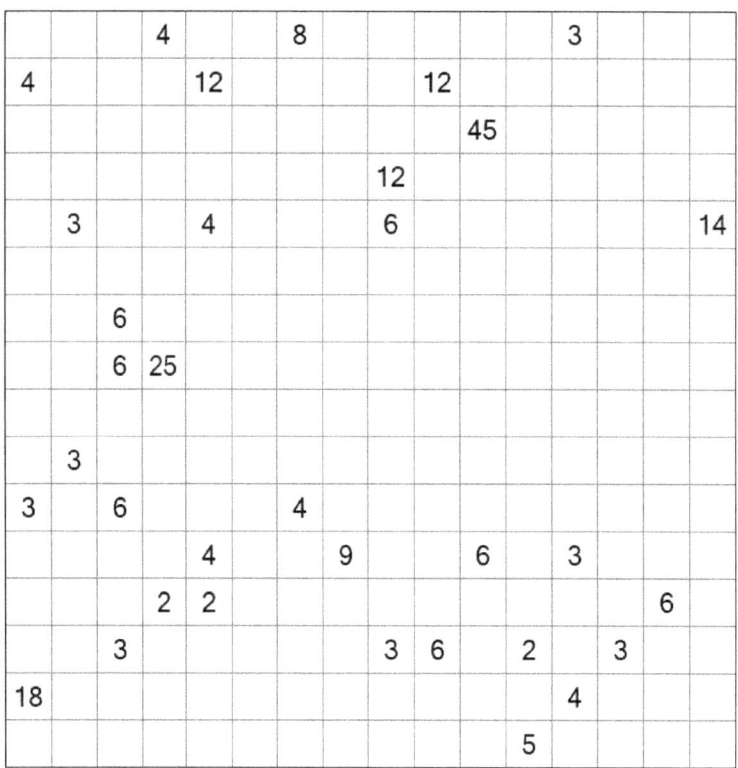

Shikaku 115

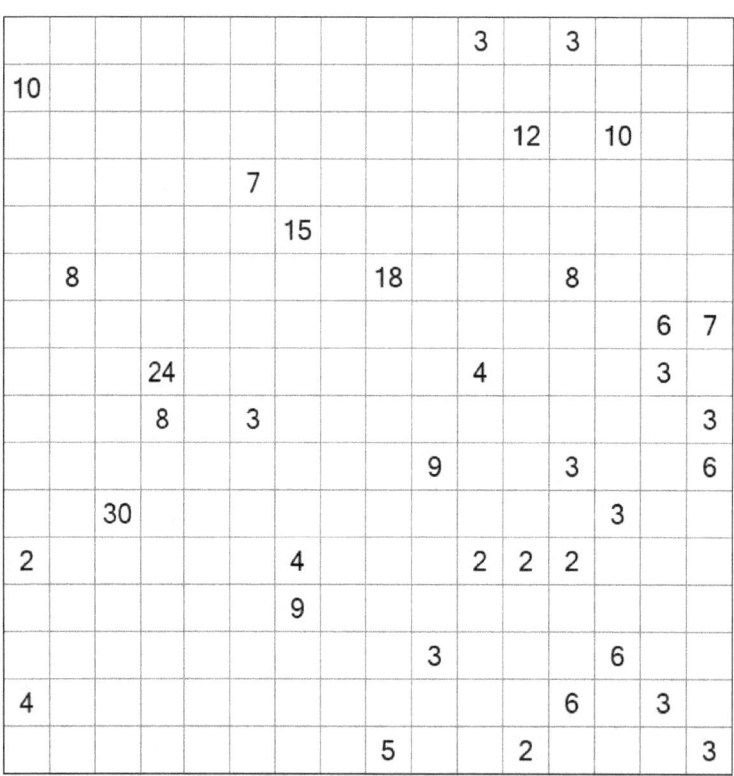

Shikaku 116

Shikaku 117

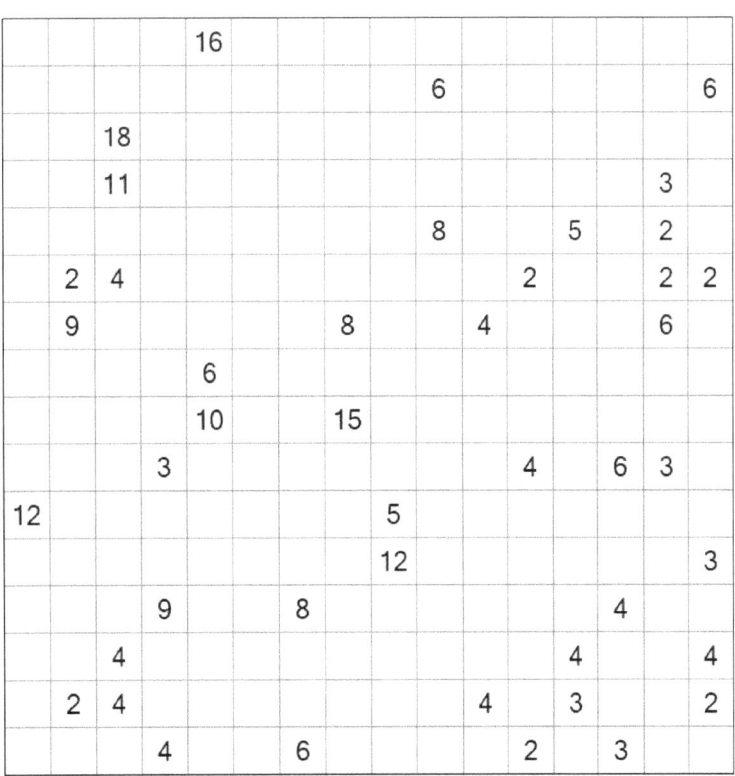

Shikaku 118

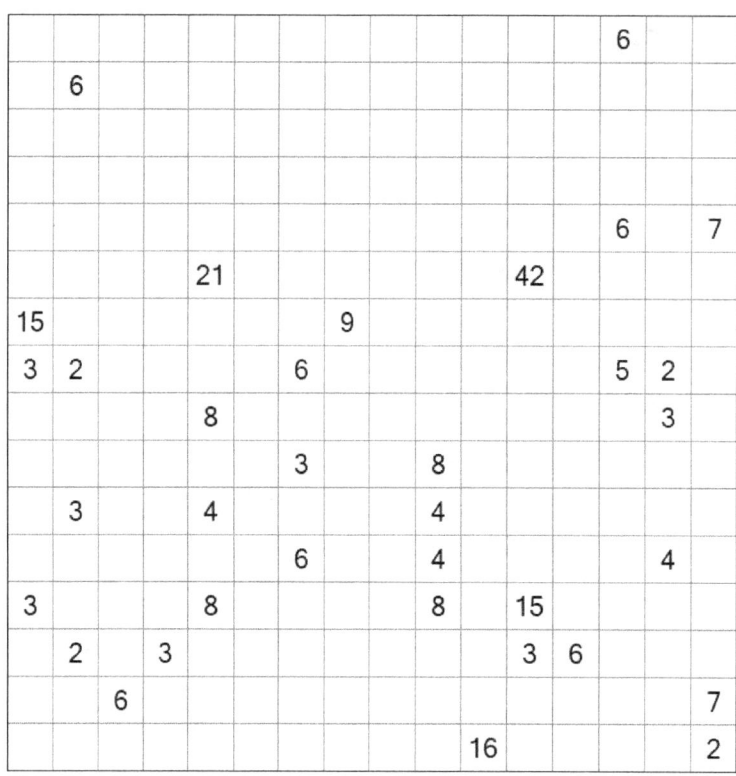
Shikaku 119

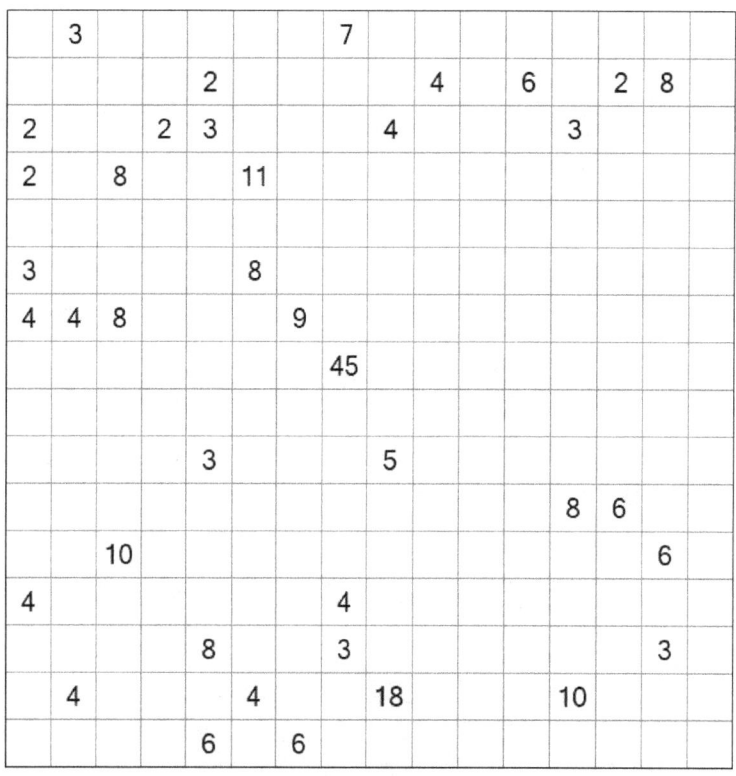
Shikaku 120

Shikaku 121

Shikaku 122

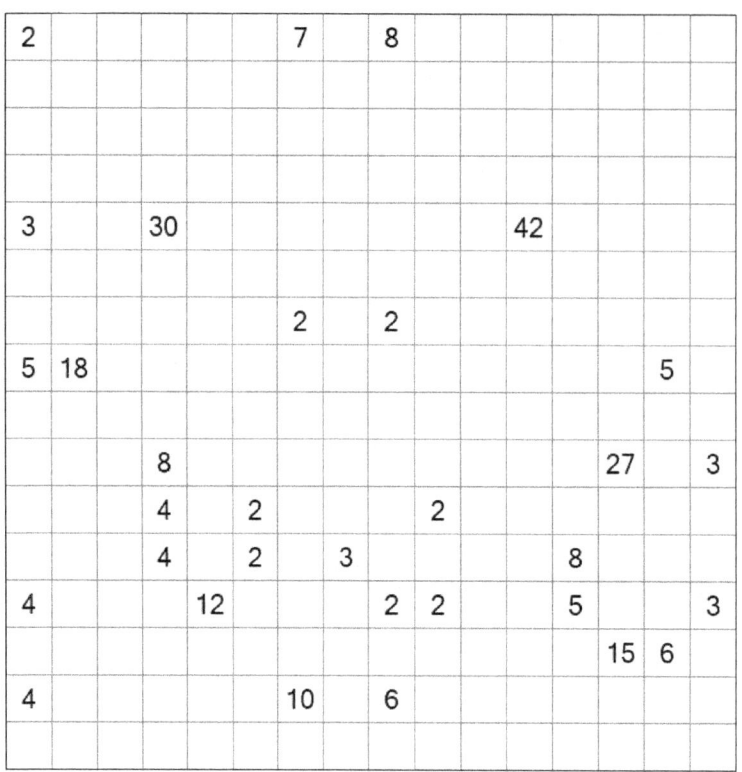
Shikaku 123

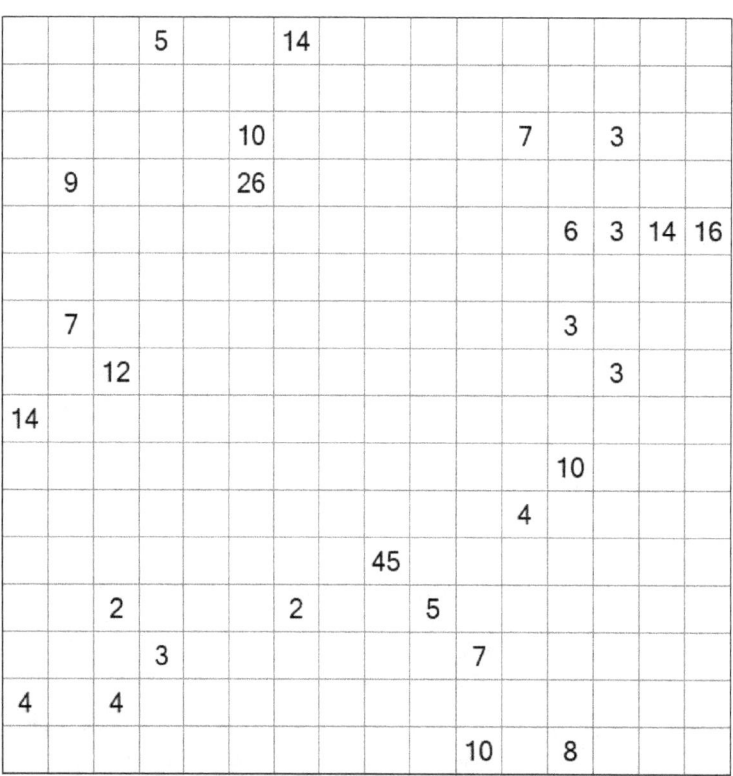
Shikaku 124

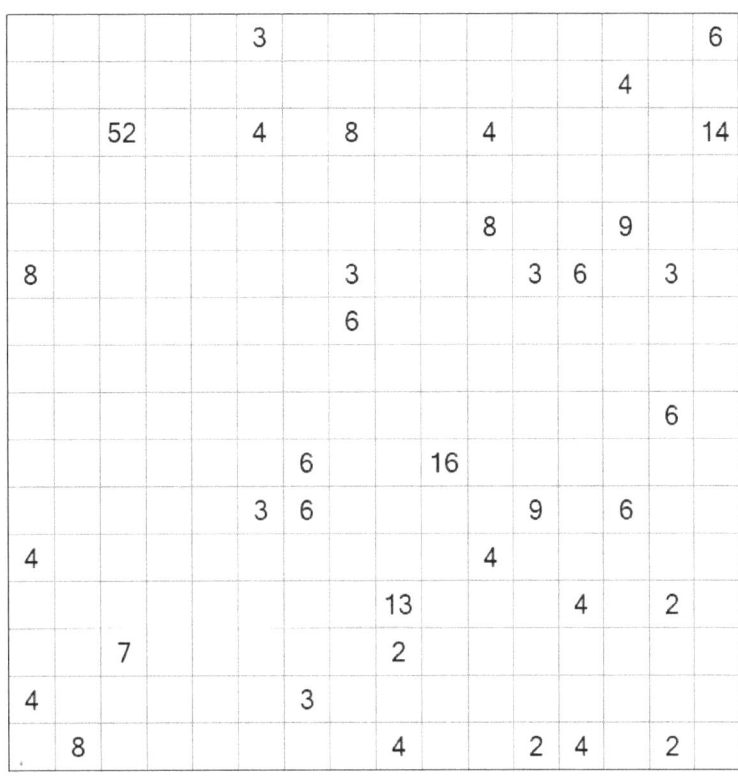

Shikaku 125

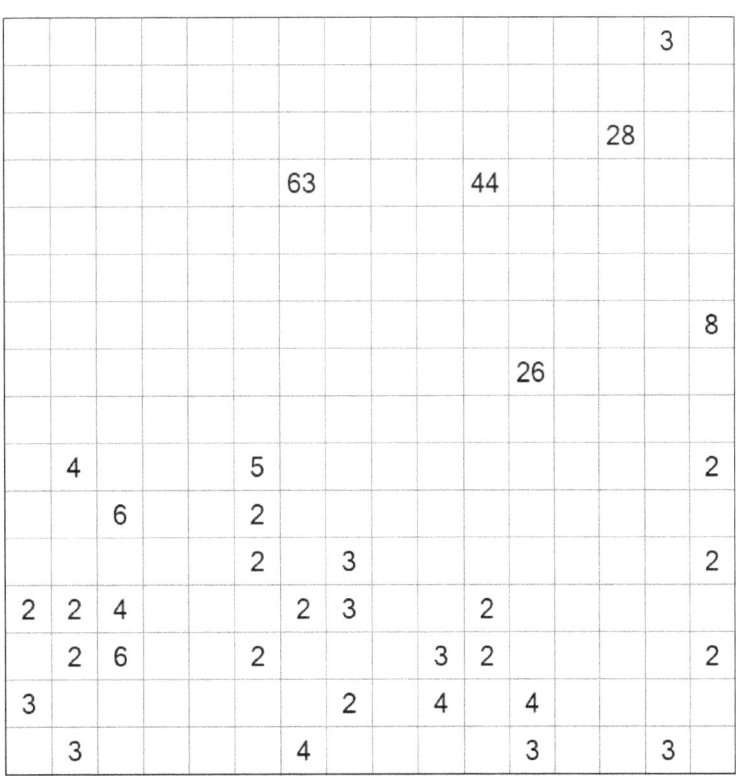

Shikaku 126

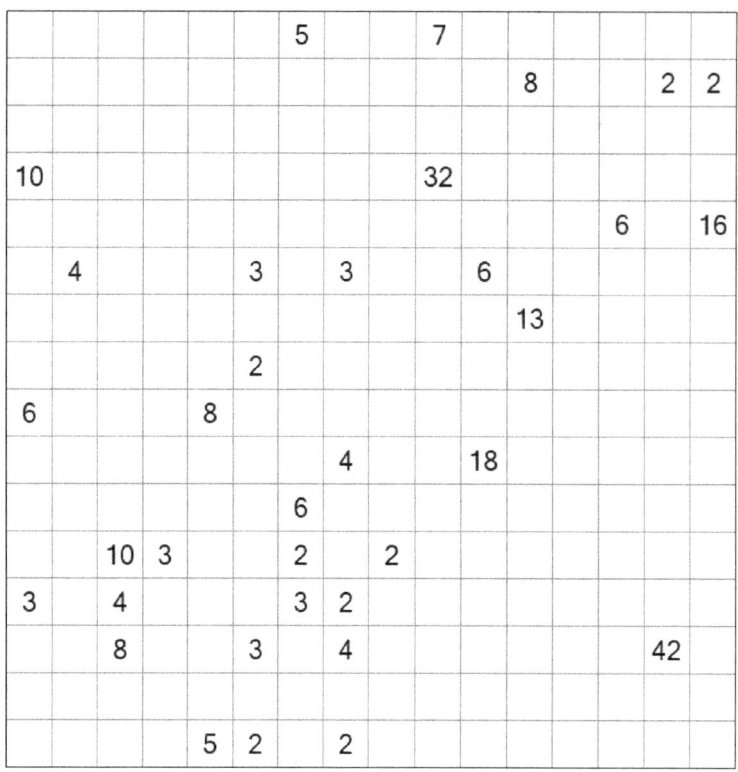
Shikaku 127

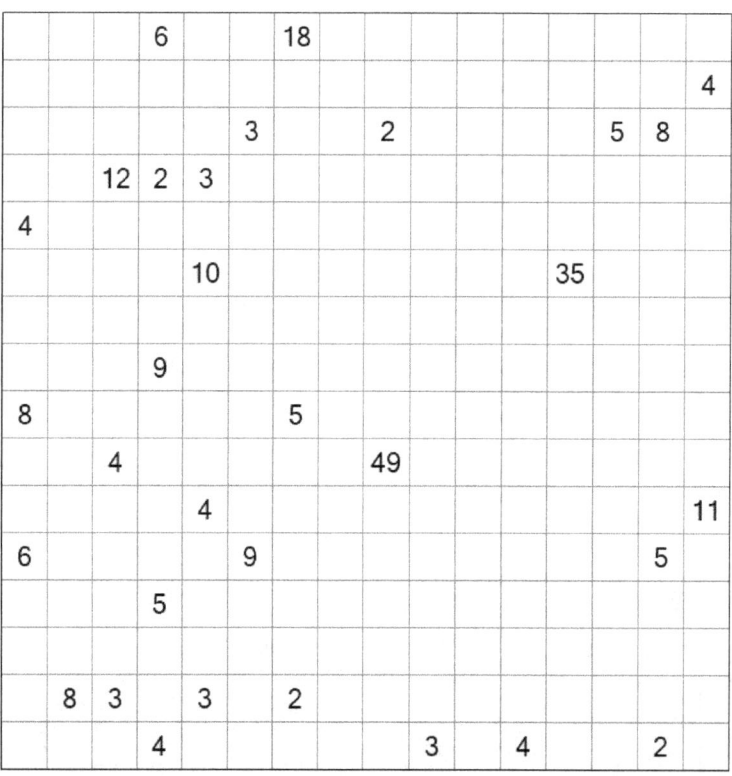
Shikaku 128

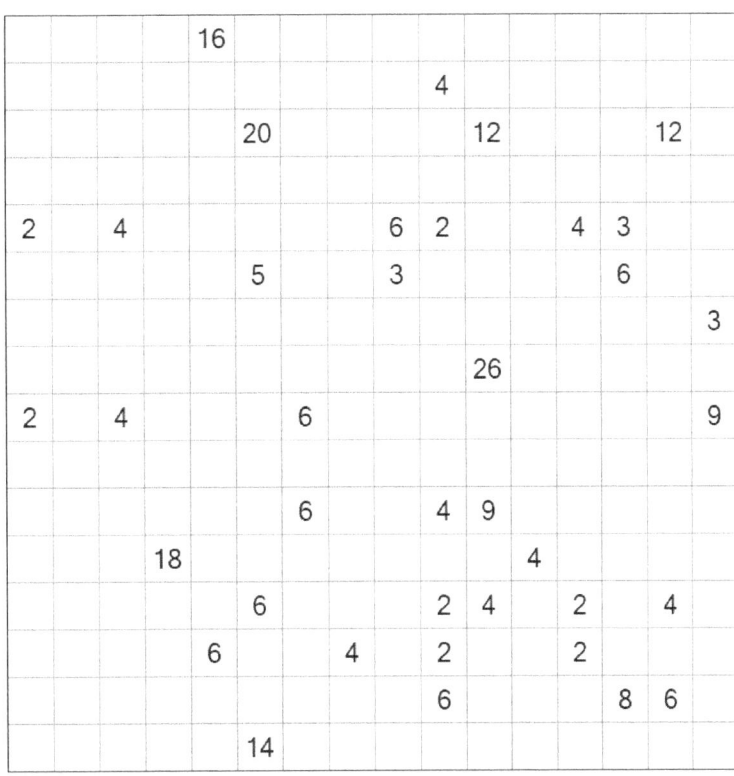

Shikaku 129

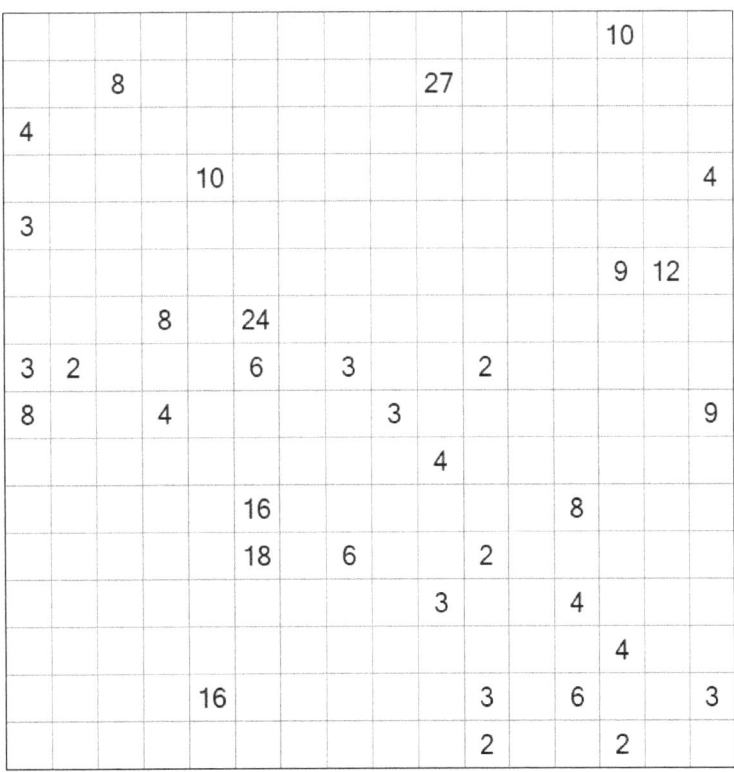

Shikaku 130

Shikaku 131

Shikaku 132

Shikaku 133

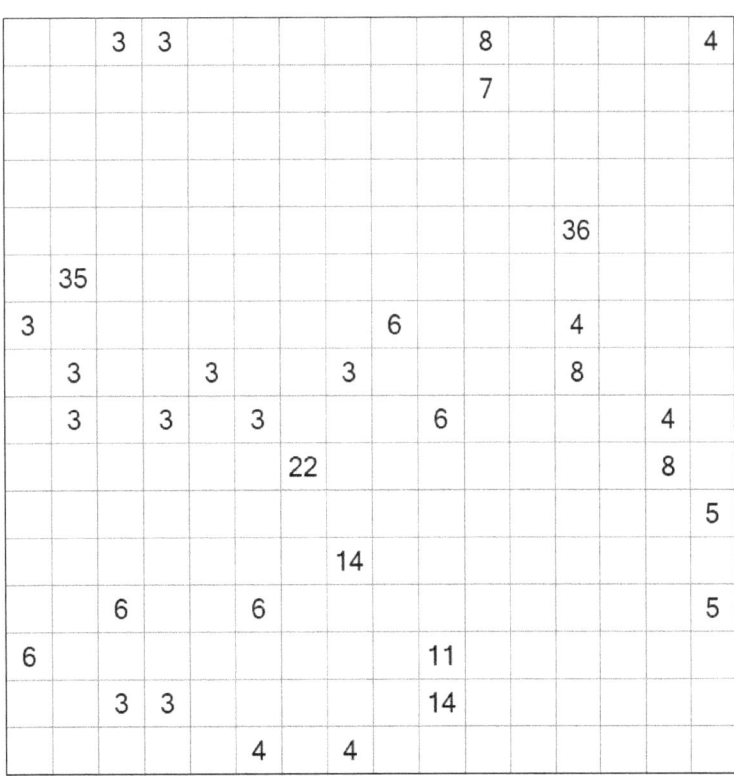

Shikaku 134

Shikaku 135

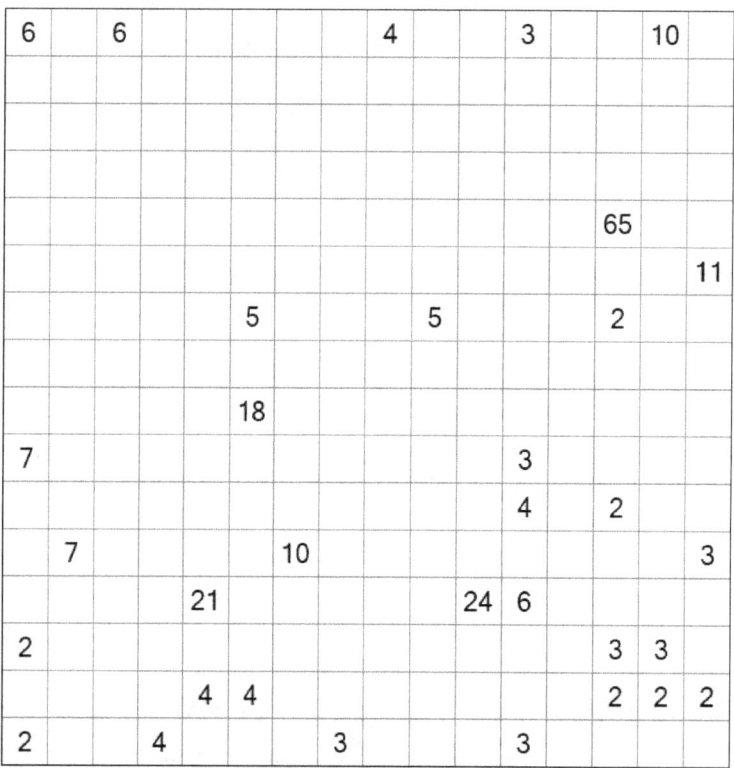

Shikaku 136

Shikaku 137

Shikaku 138

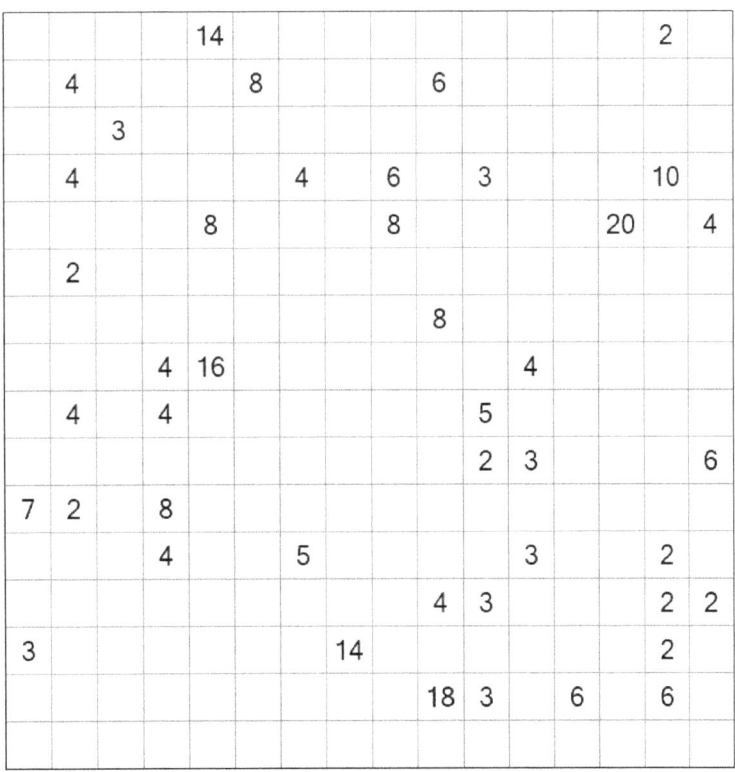

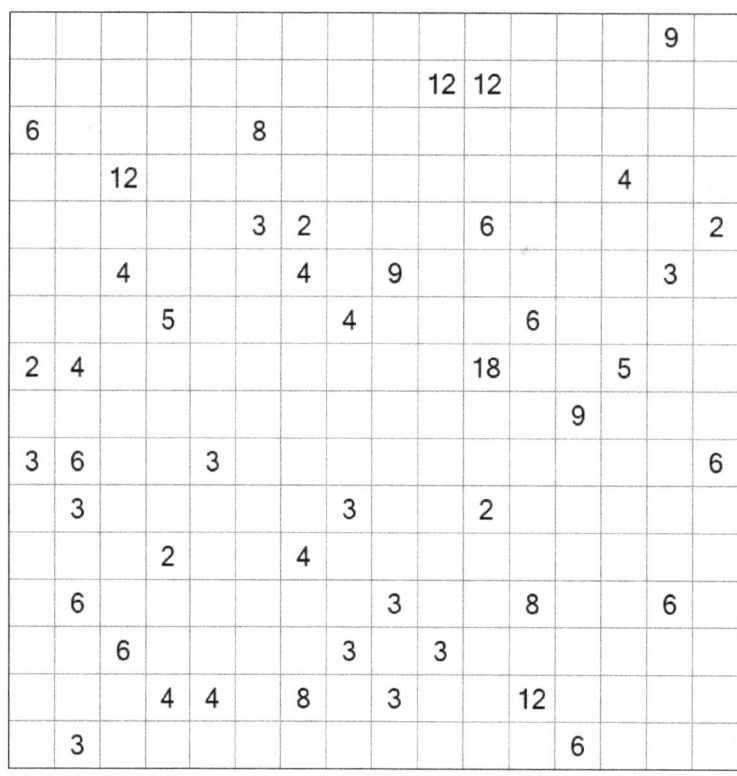

Shikaku 139

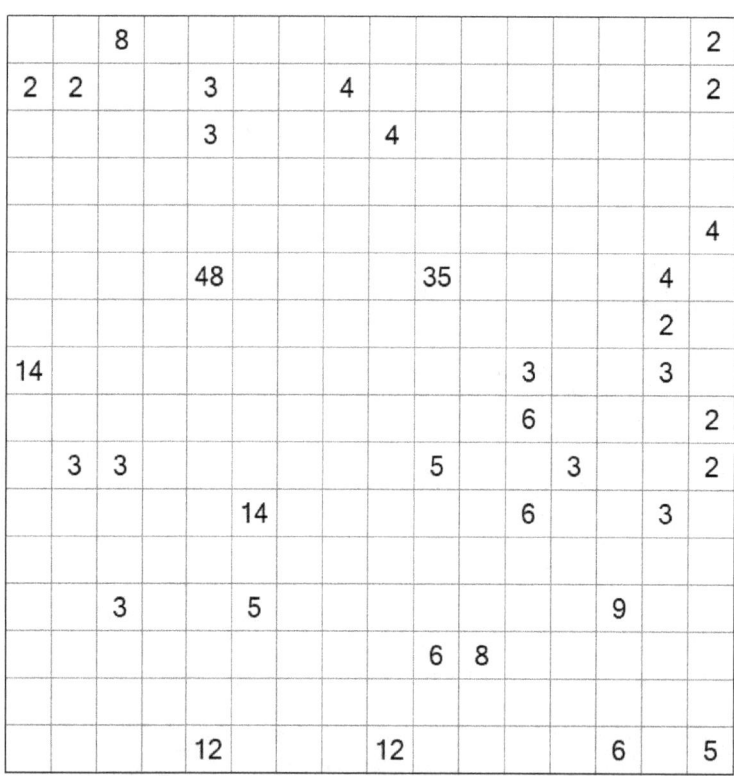

Shikaku 140

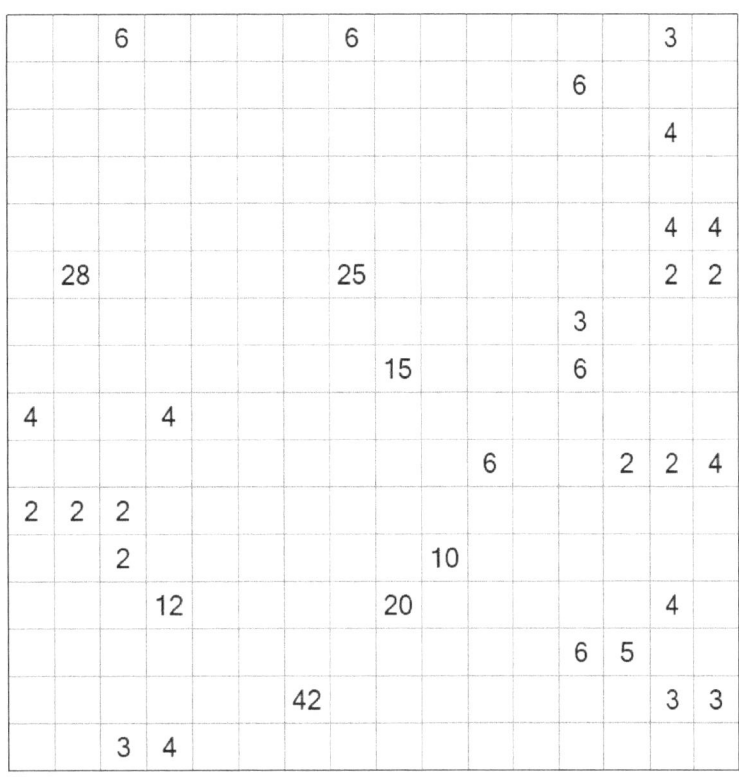

Shikaku 141

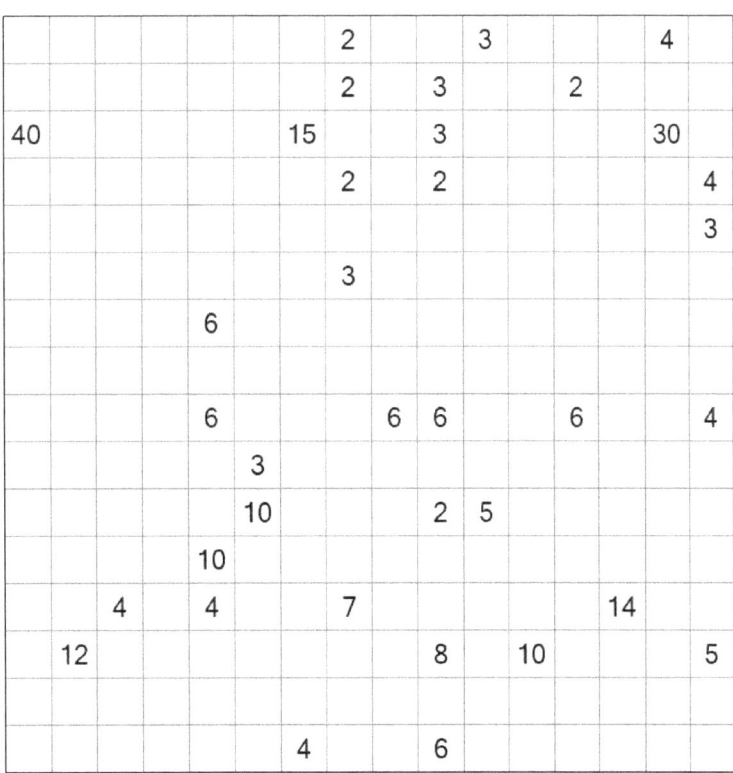

Shikaku 142

Shikaku 143

Shikaku 144

Shikaku 145

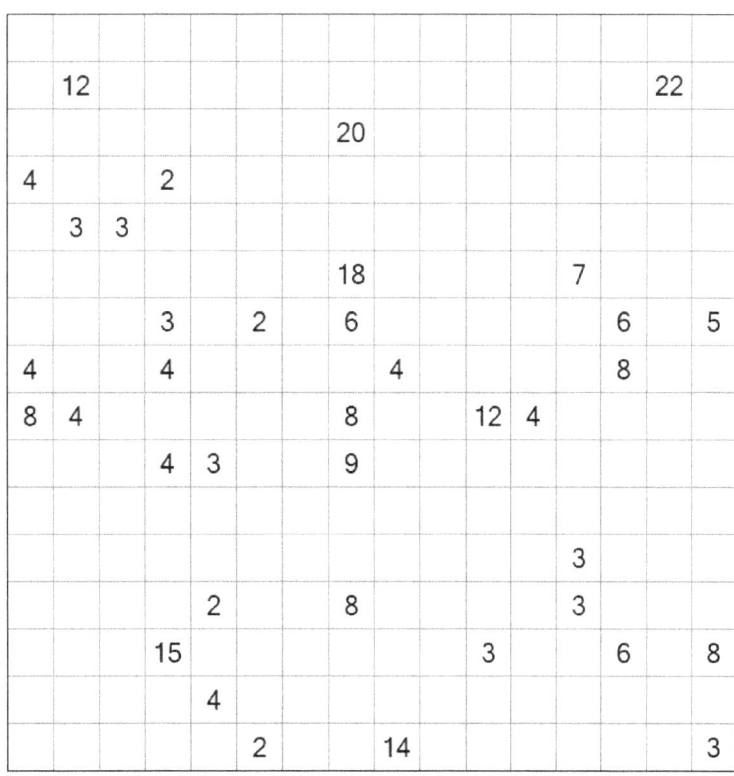

Shikaku 146

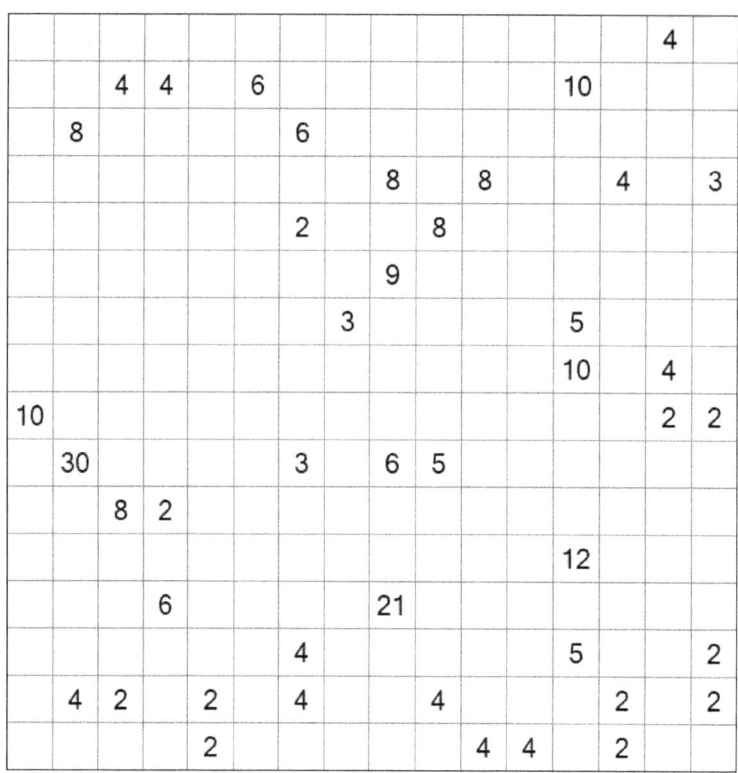

Shikaku 147

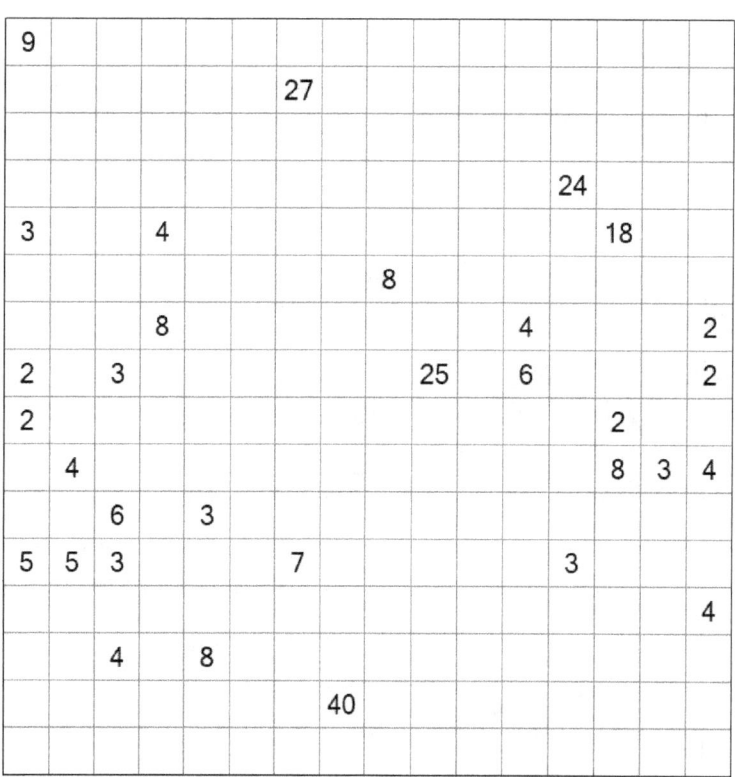

Shikaku 148

Shikaku 149

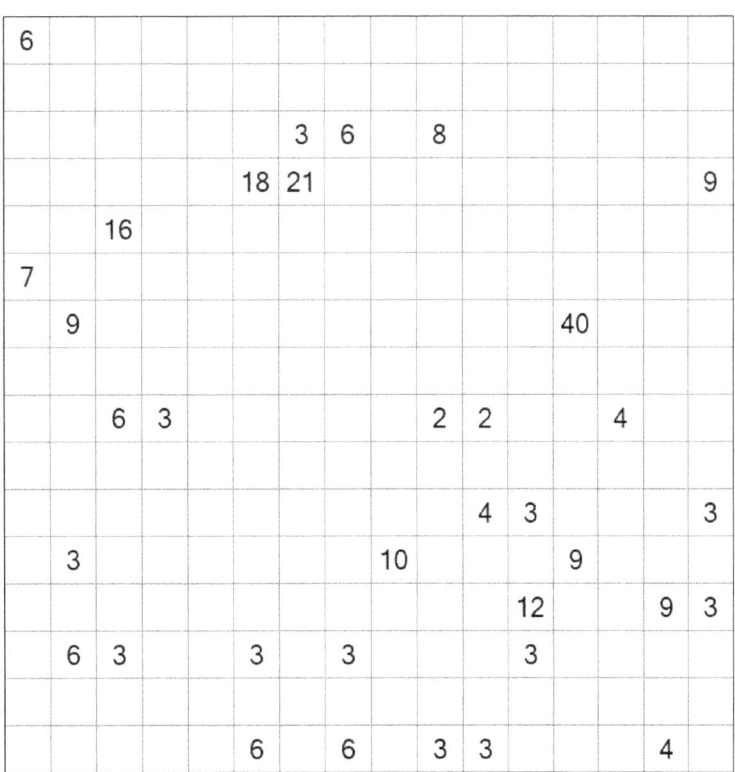

Shikaku 150

Shikaku 151

Shikaku 152

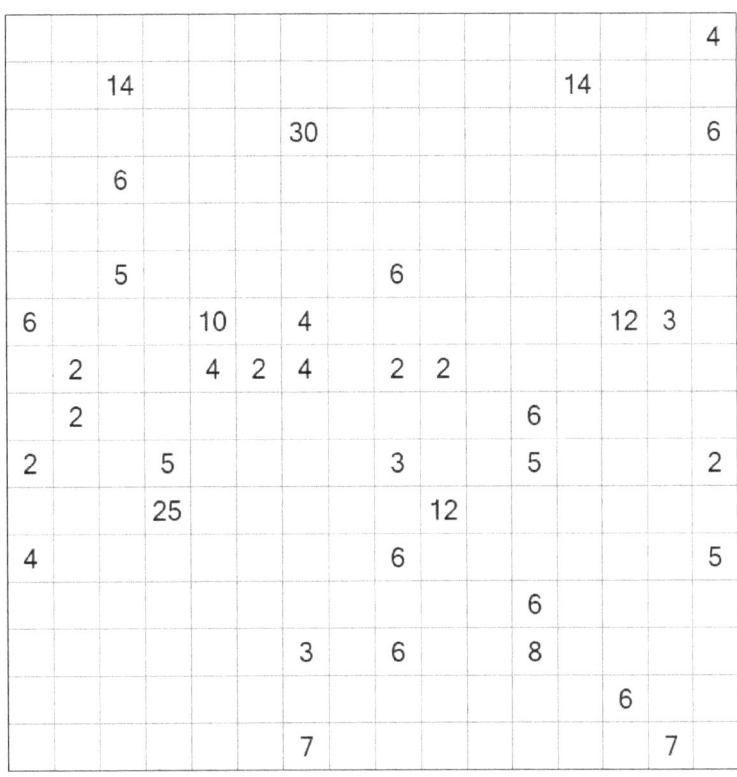

Shikaku 153

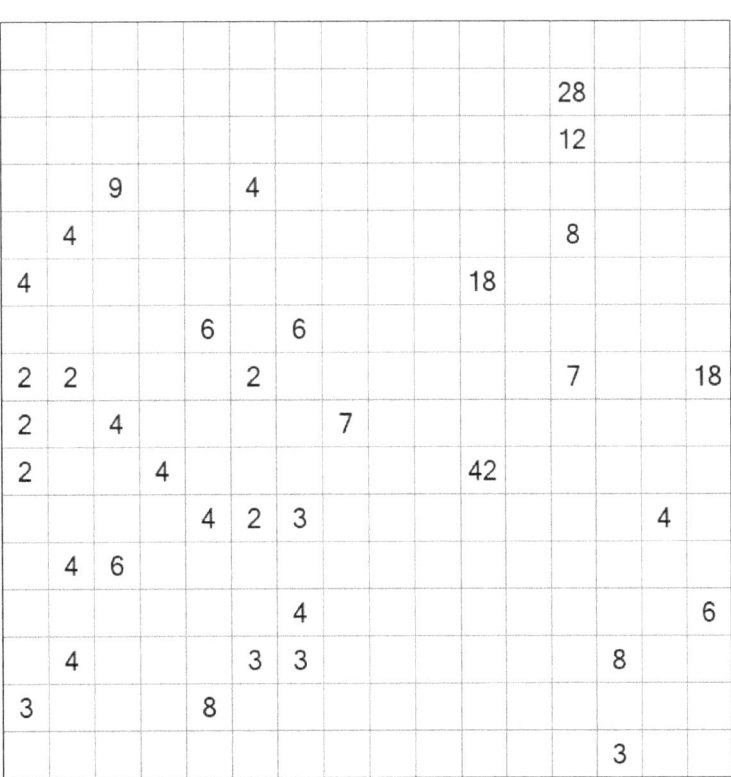

Shikaku 154

Shikaku 155

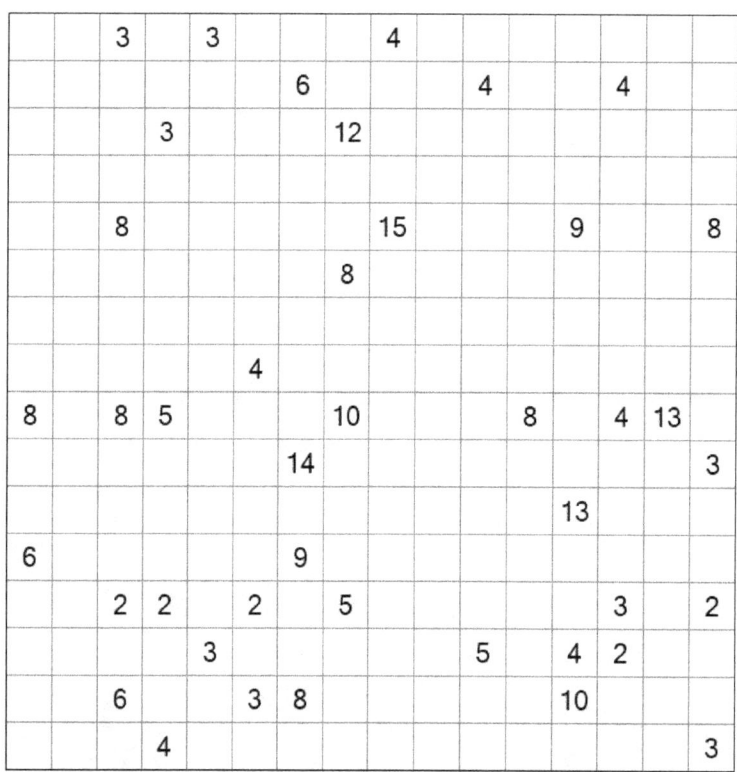
Shikaku 156

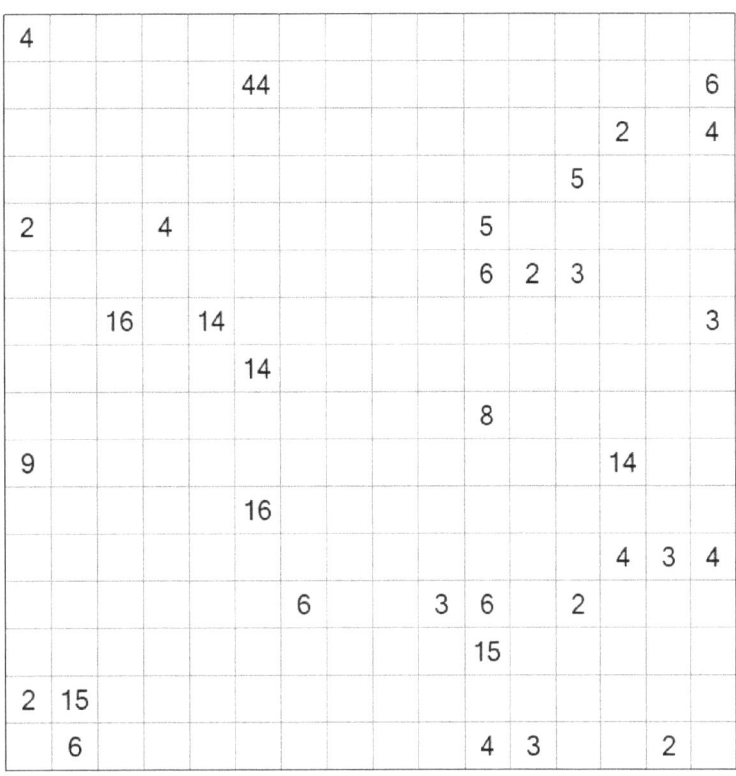

Shikaku 157

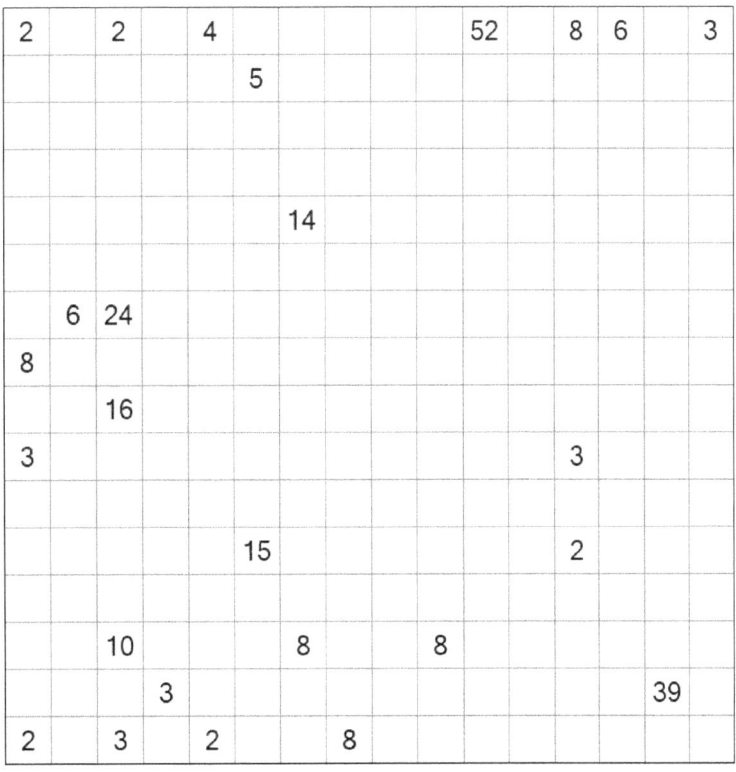

Shikaku 158

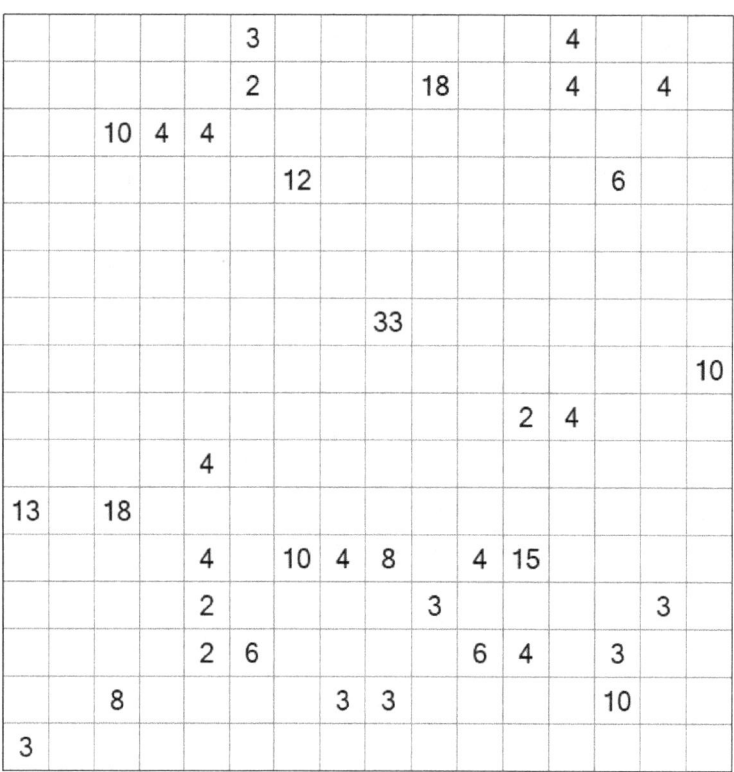

Shikaku 159

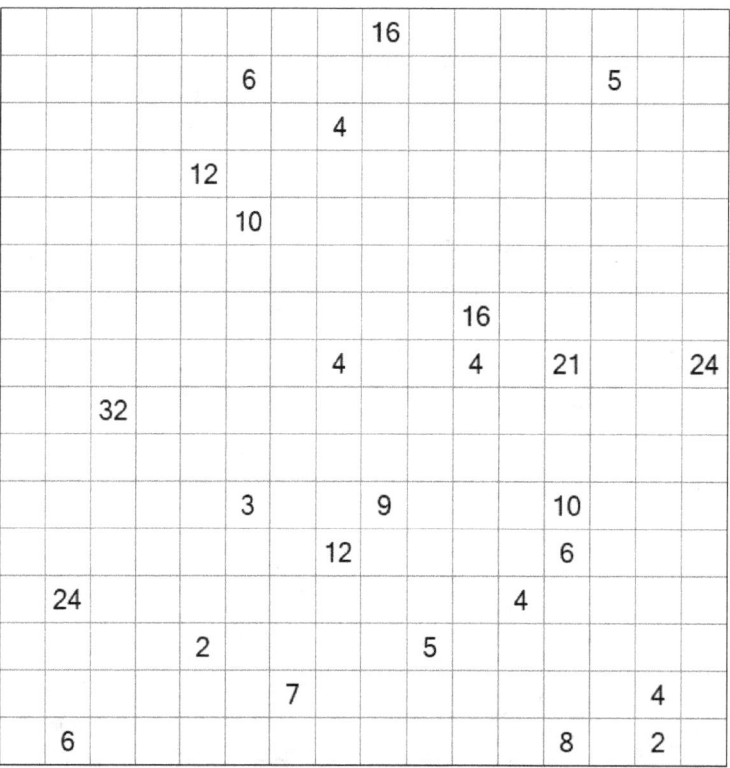

Shikaku 160

Shikaku 161

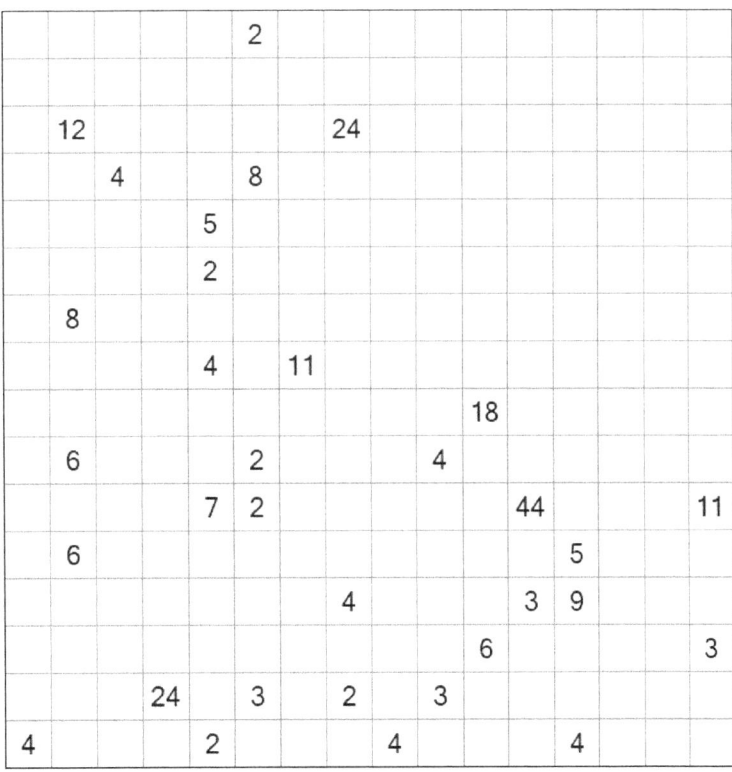

Shikaku 162

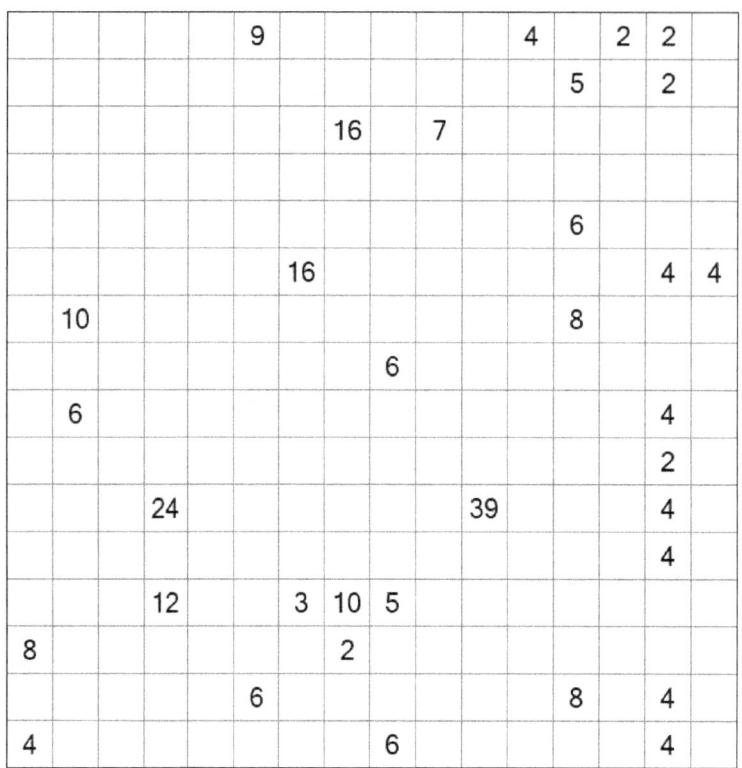
Shikaku 163

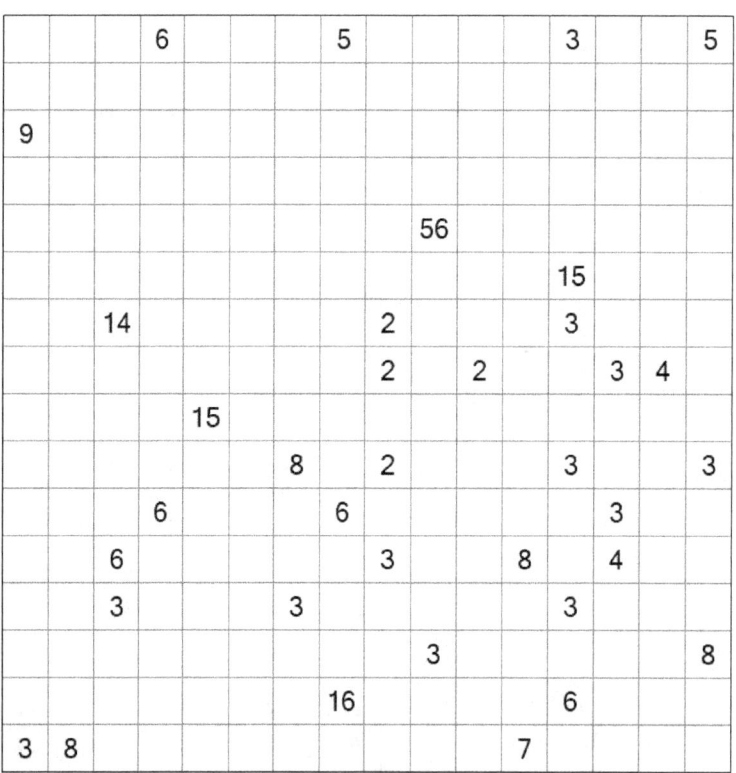
Shikaku 164

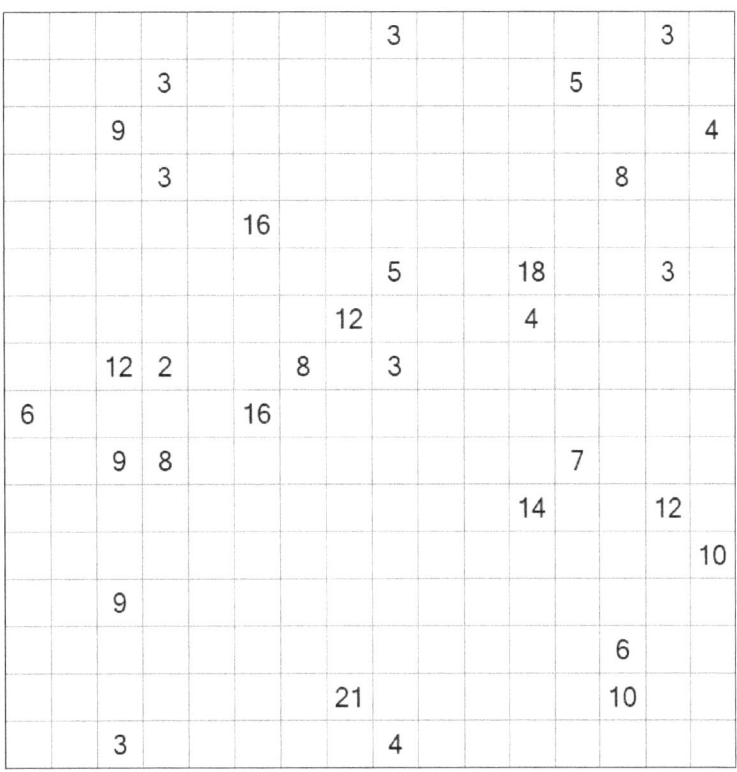

Shikaku 165

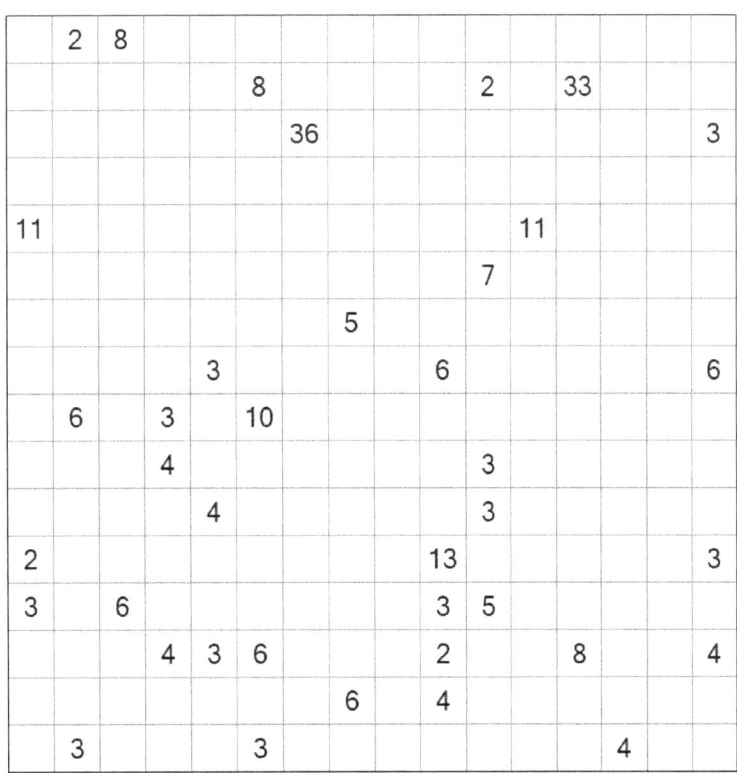

Shikaku 166

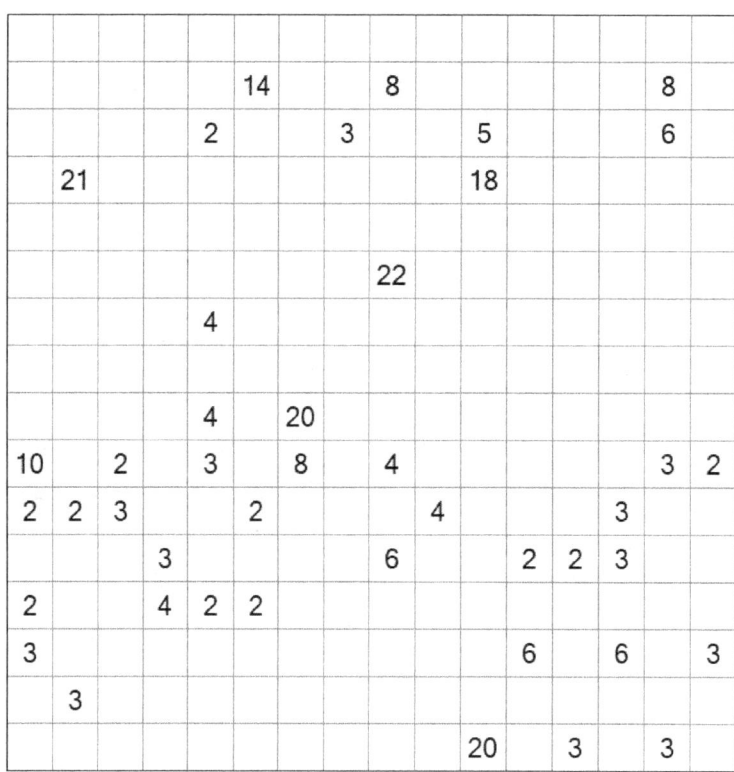

Shikaku 167

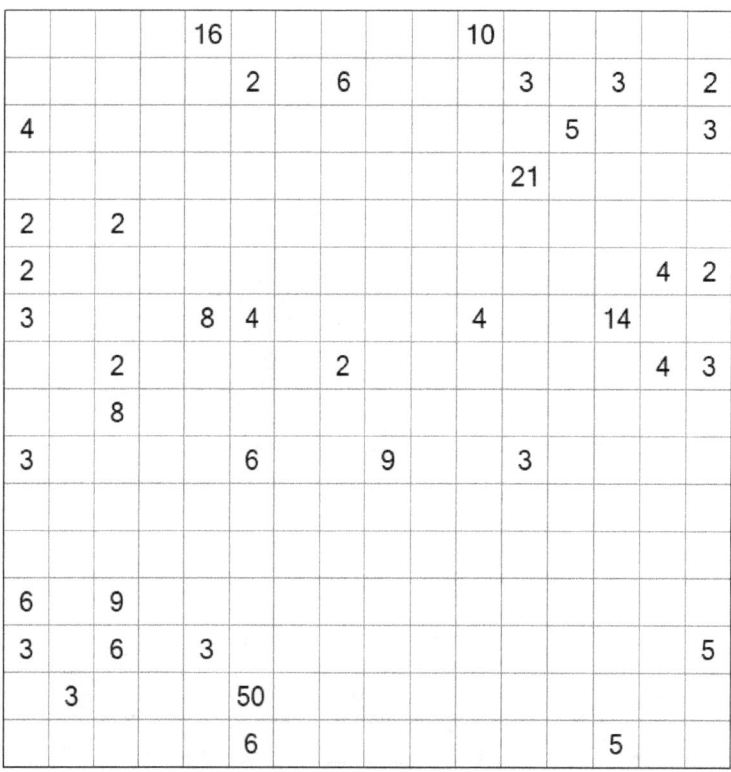

Shikaku 168

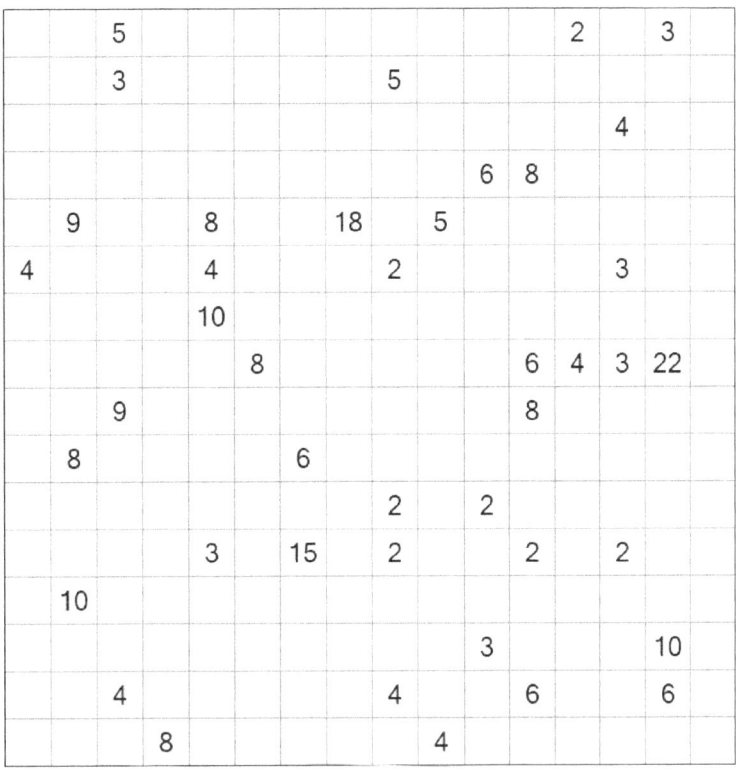

Shikaku 169

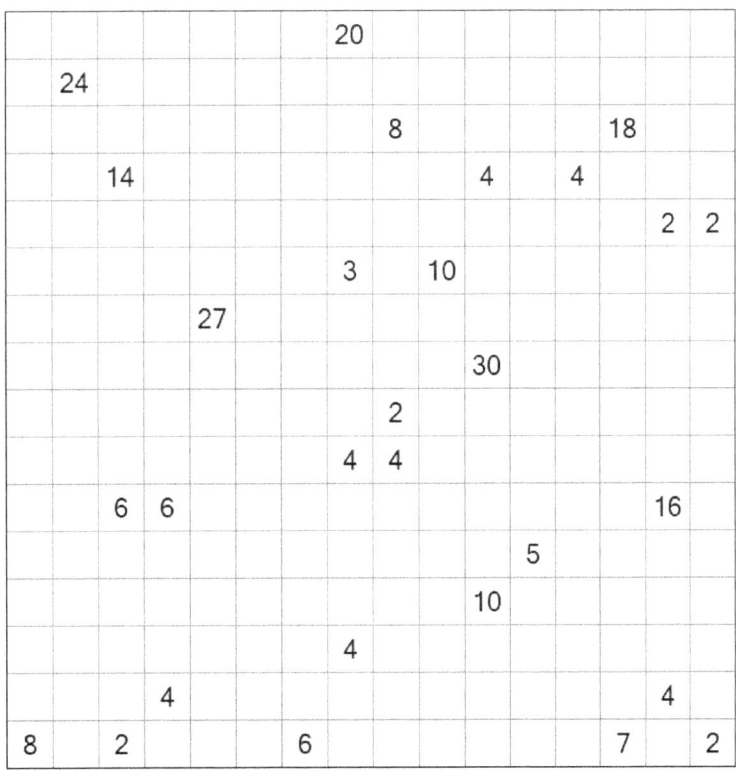

Shikaku 170

Shikaku 171

Shikaku 172

Shikaku 173

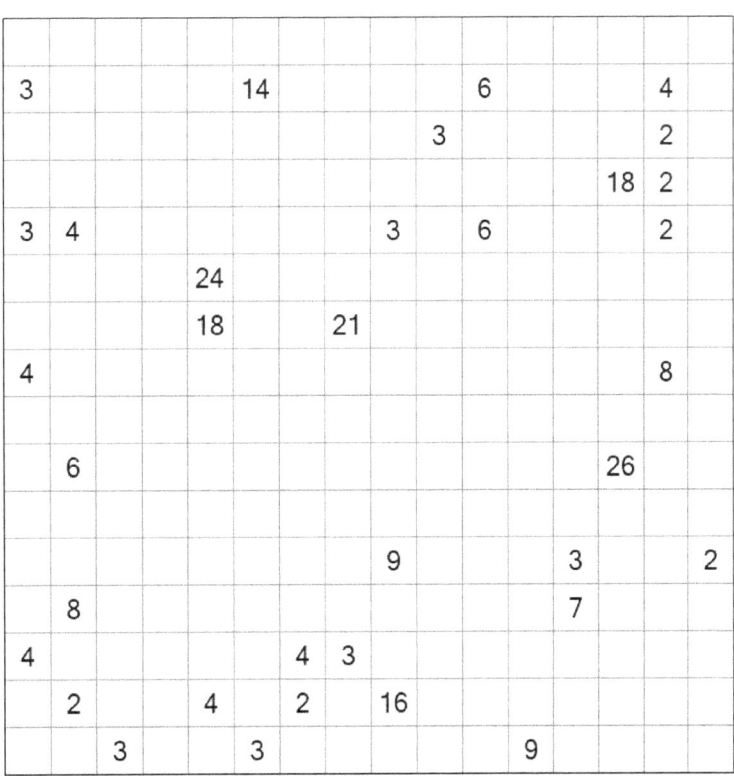

Shikaku 174

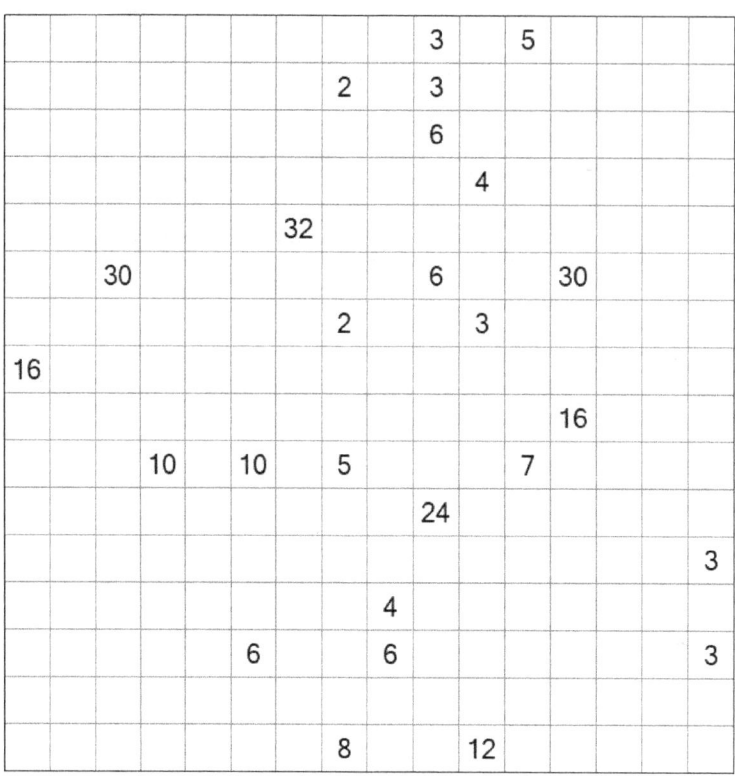
Shikaku 175

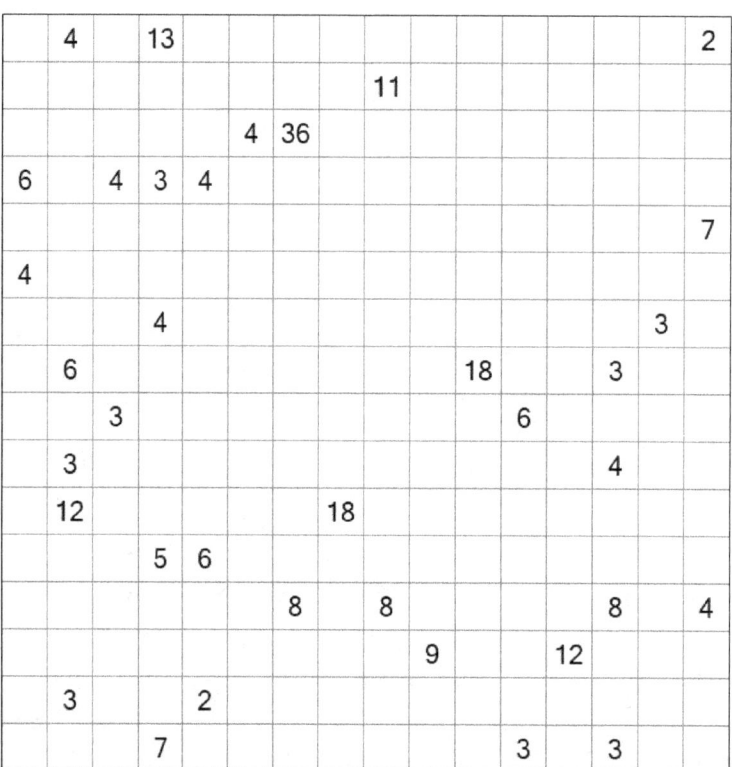
Shikaku 176

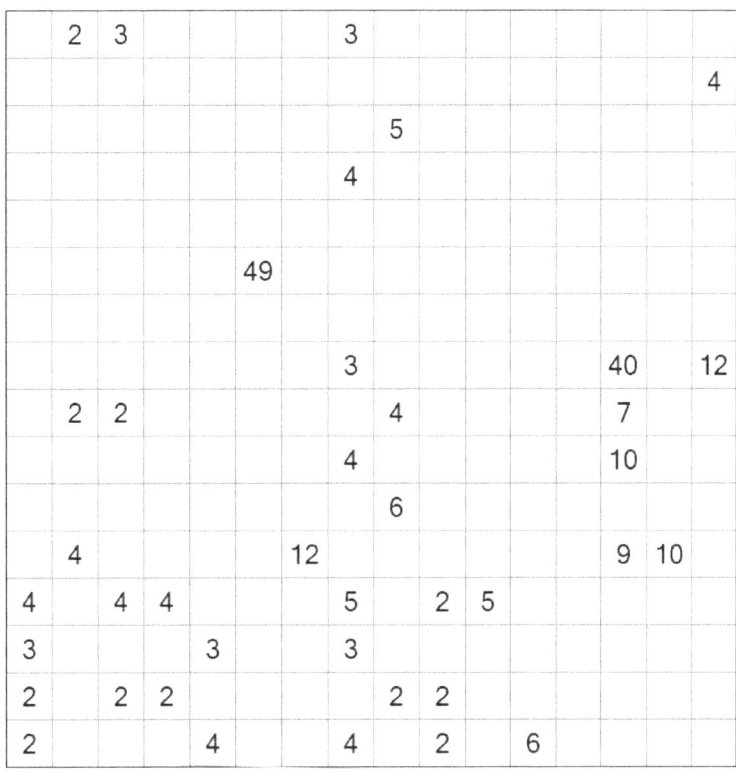

Shikaku 177

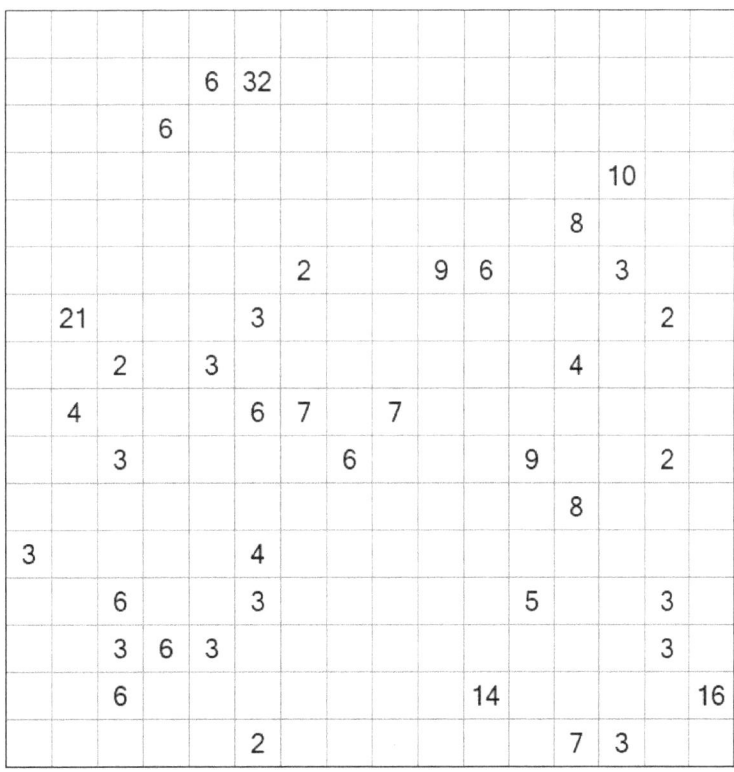

Shikaku 178

Shikaku 179

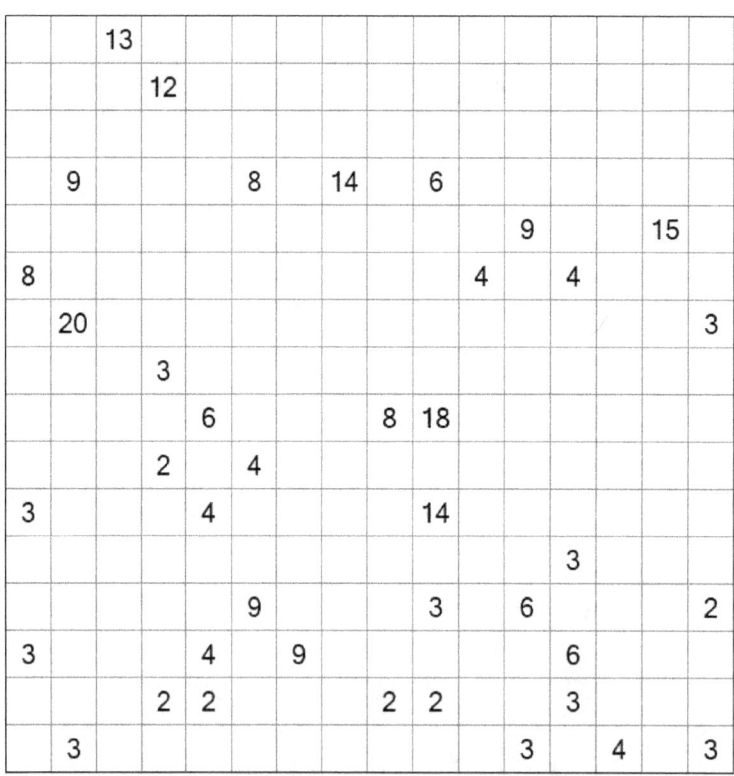

Shikaku 180

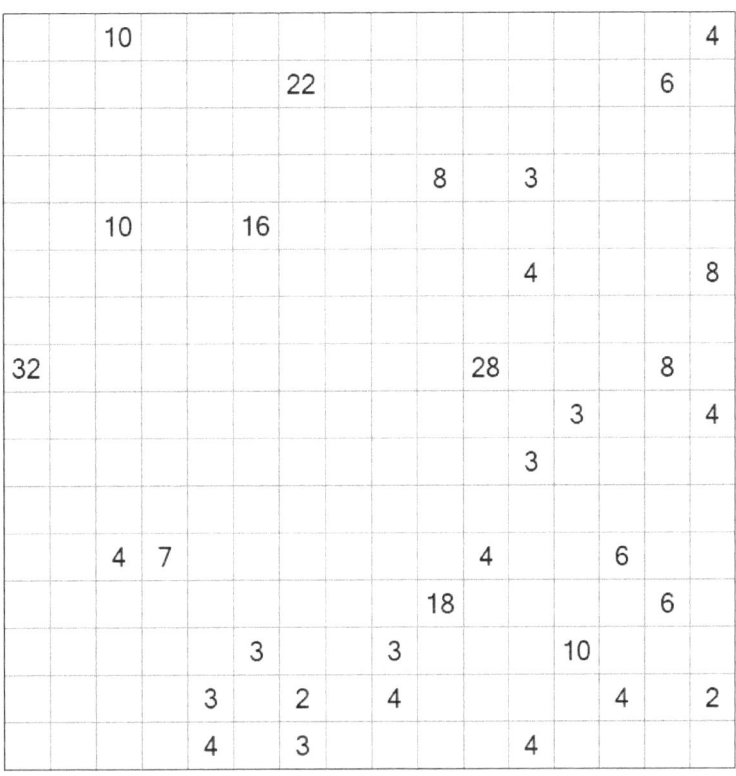

Shikaku 181

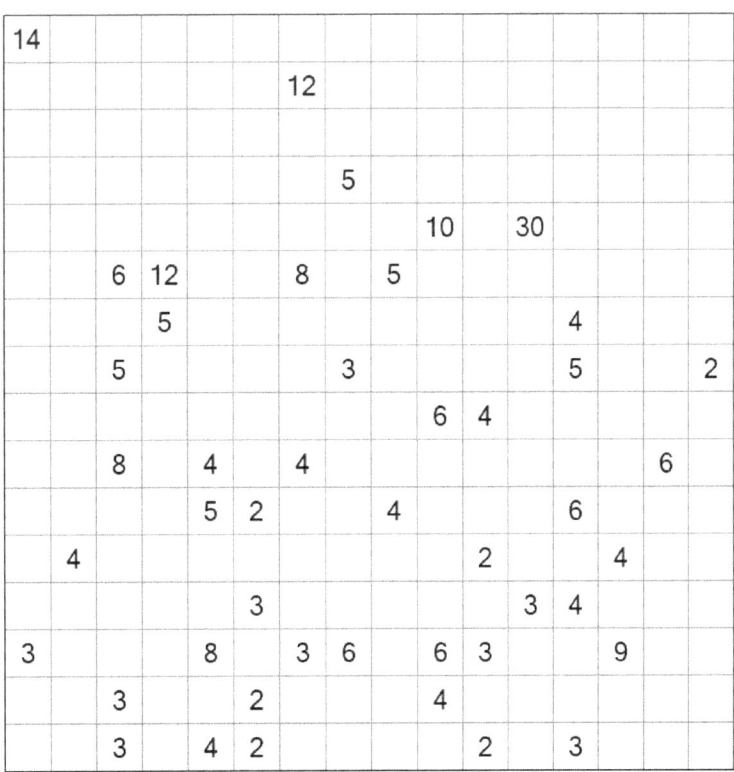

Shikaku 182

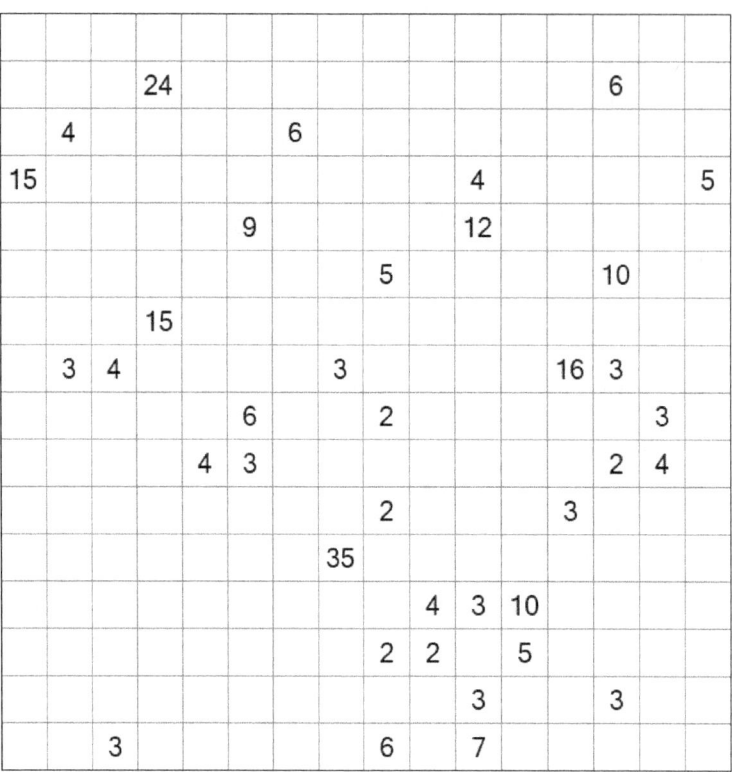
Shikaku 183

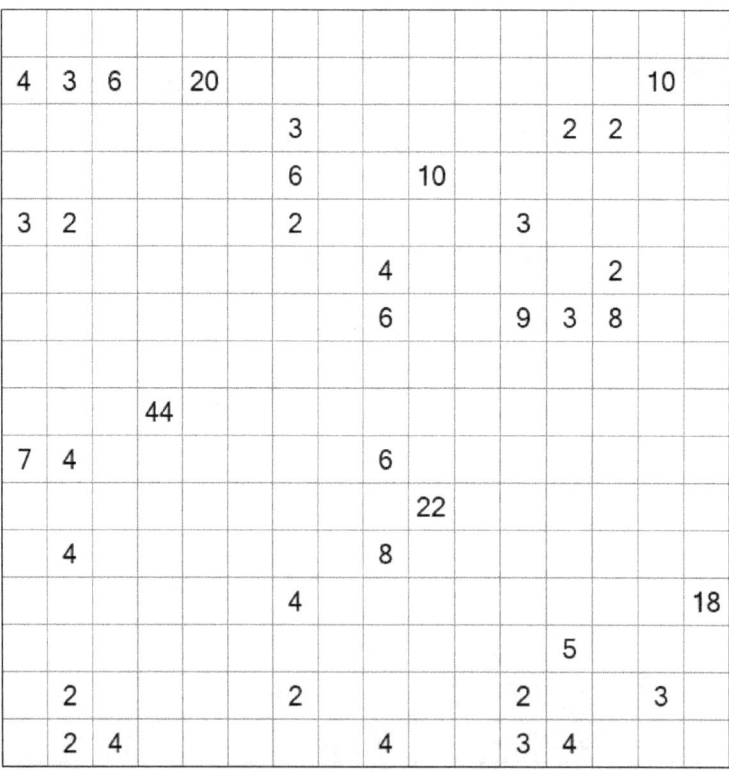
Shikaku 184

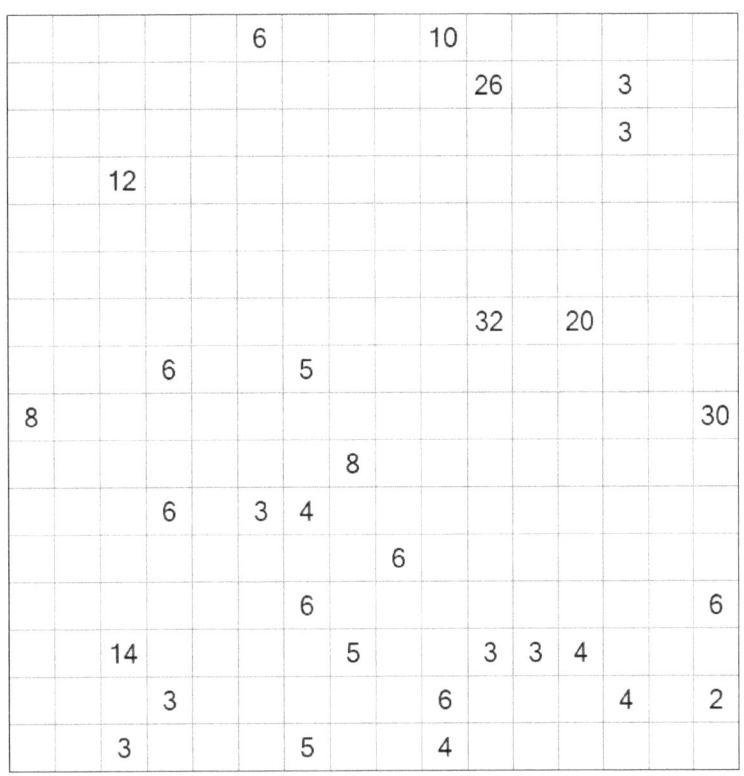

Shikaku 185

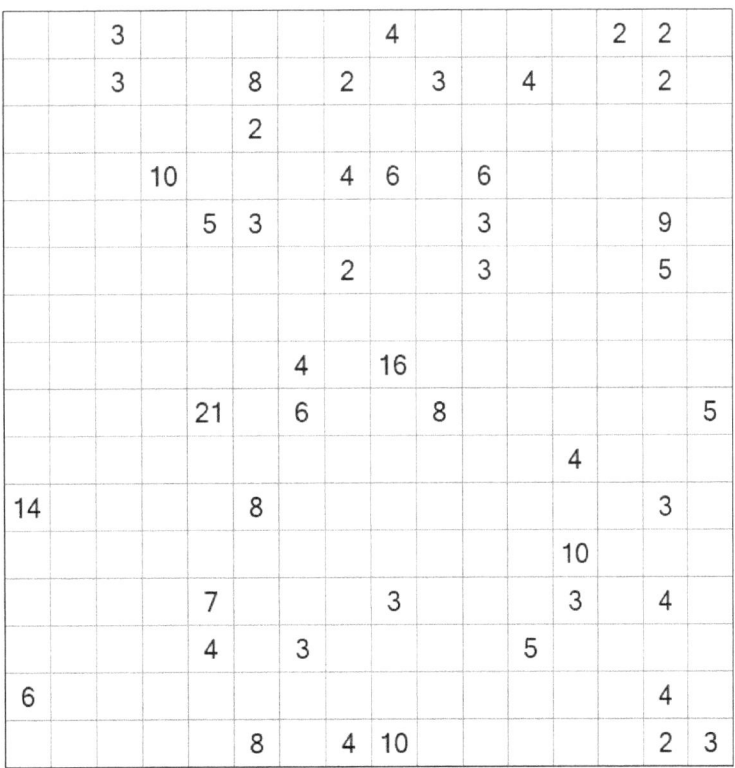

Shikaku 186

Shikaku 187

	2				3								
	4	4					3		9				
				11	26						18		
		12						8					
2								4					
2			3							26	3		
	3					6							
		3	4		5					3		4	
						15				12			
		9											
										4			
4			8										
						3	5						
		4			3				6		2		
				2	5								6

Shikaku 188

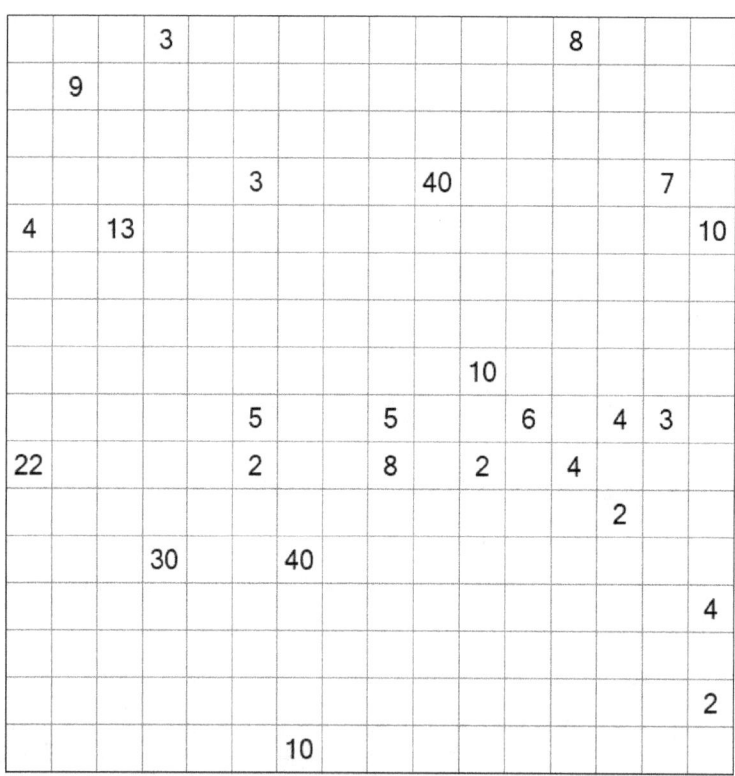

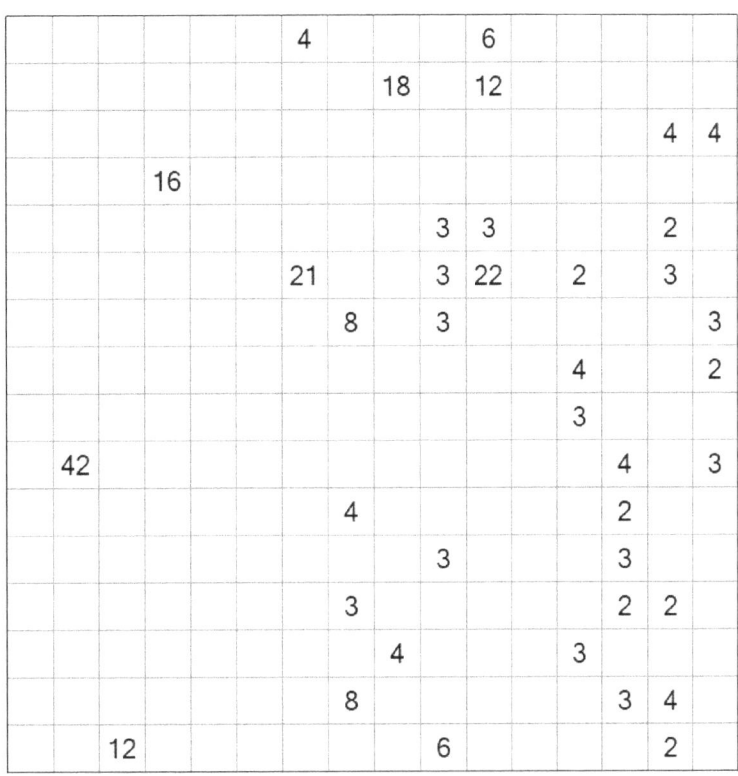

Shikaku 189

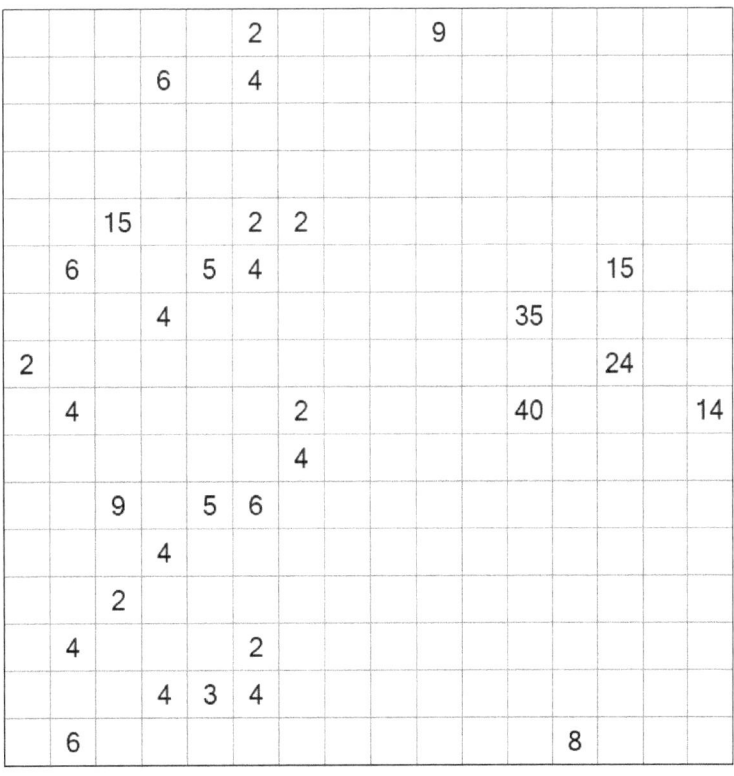

Shikaku 190

Shikaku 191

Shikaku 192

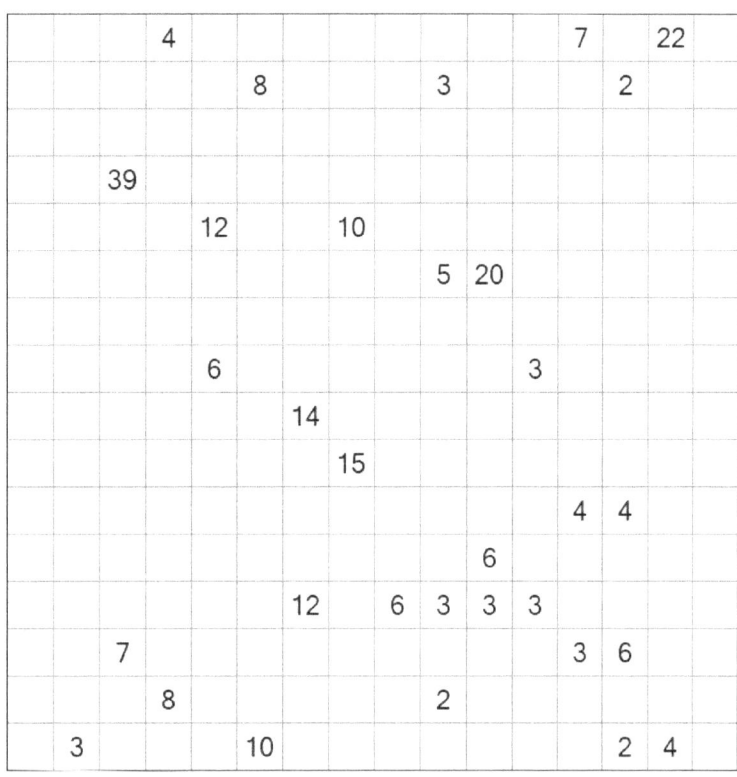

Shikaku 193

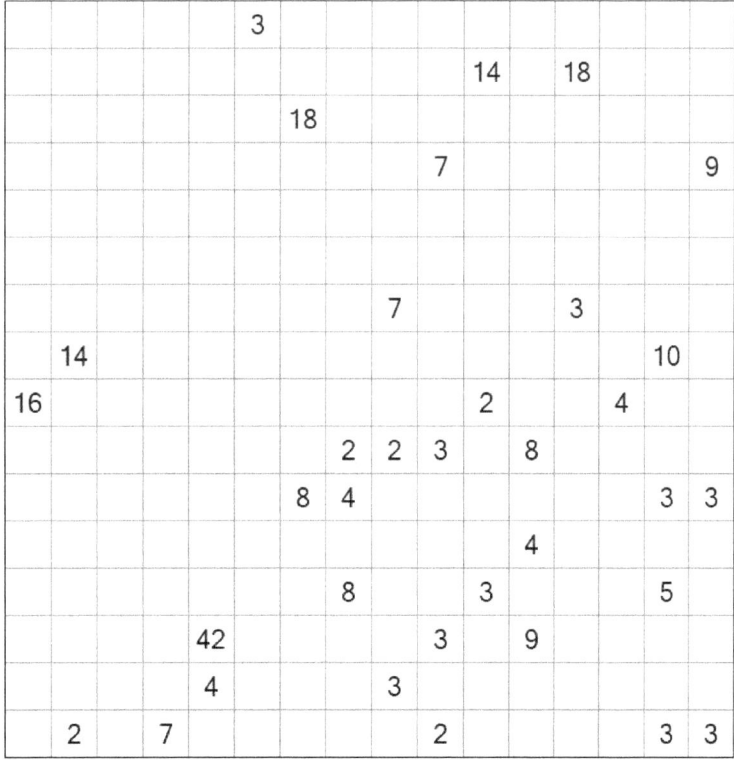

Shikaku 194

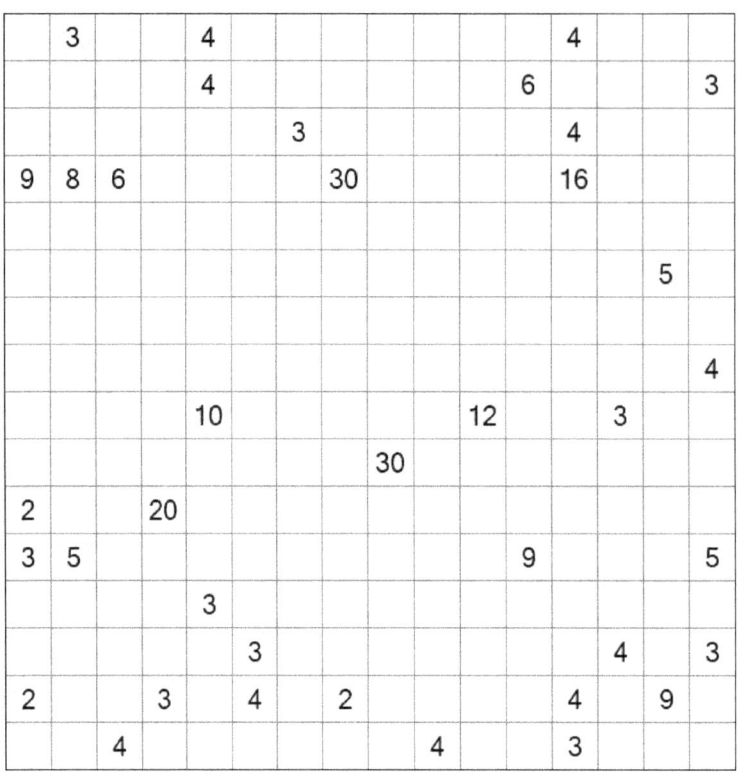
Shikaku 195

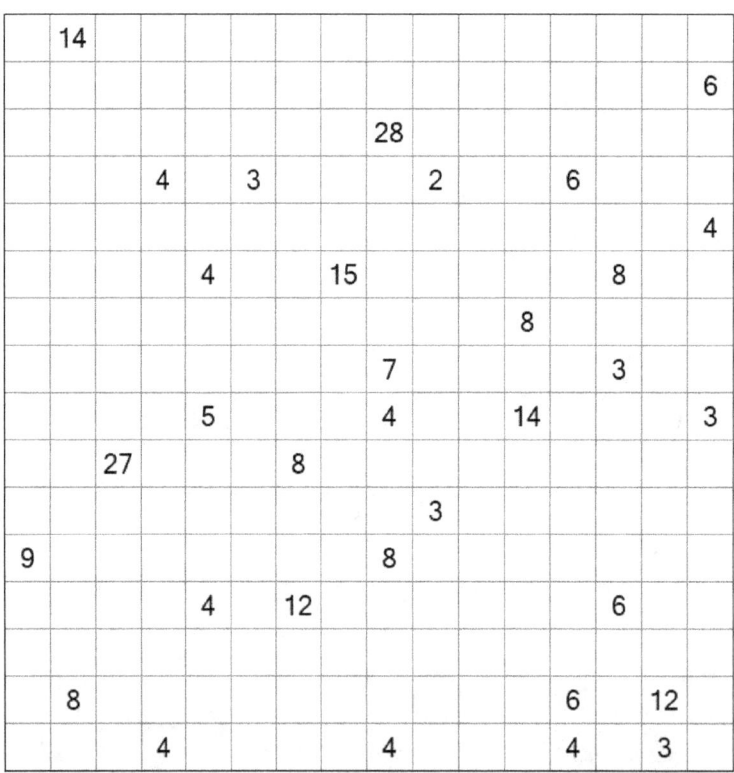
Shikaku 196

Shikaku 197

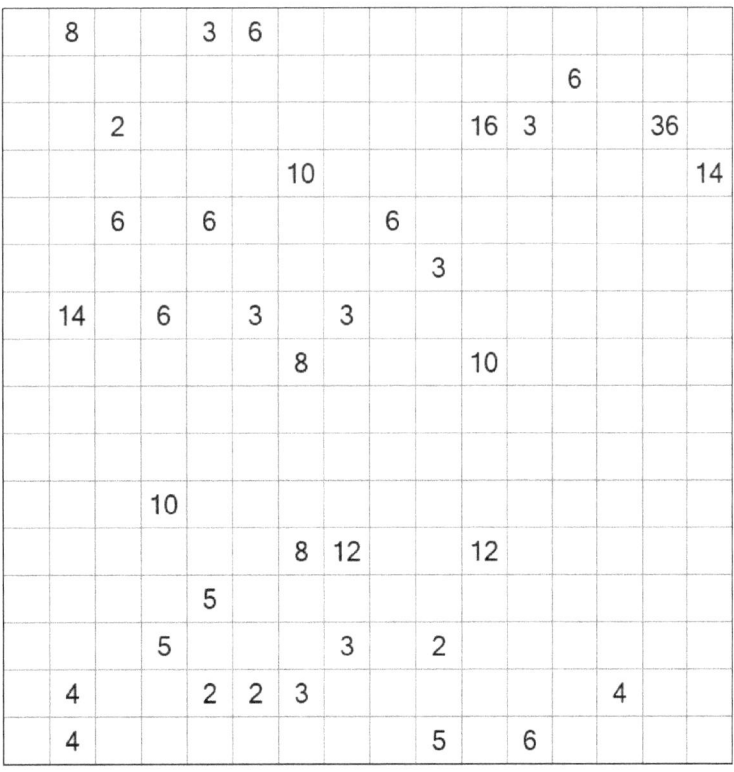

Shikaku 198

Shikaku 199

	6			13										
					4									
	6	2				32								
			9	2										
		4		2										
		3				4			3					
			10	8										
8		8							3					
				6			27							
6									6					
			8		8					6				
			3											
6	9	4			3	6				3				
		9	3											
				2				2						
	3			2		5		2						

Shikaku 199

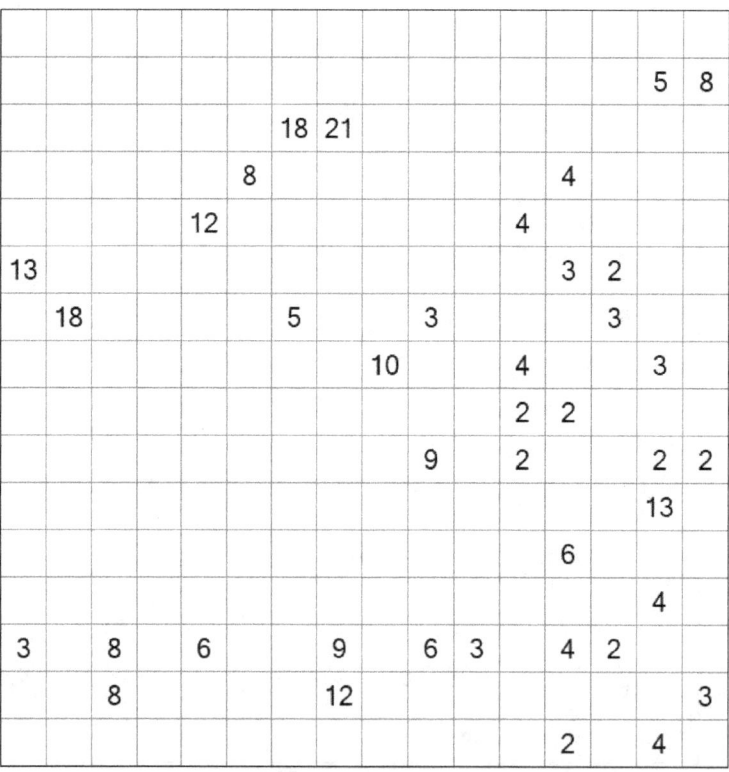

Shikaku 200

SOLUTIONS

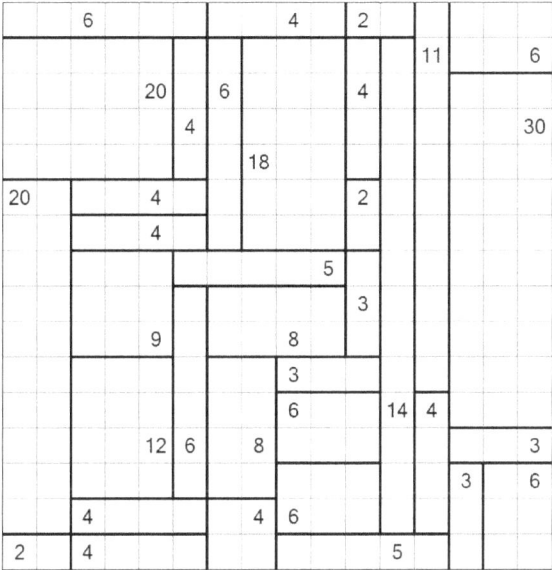

Shikaku 1 solution

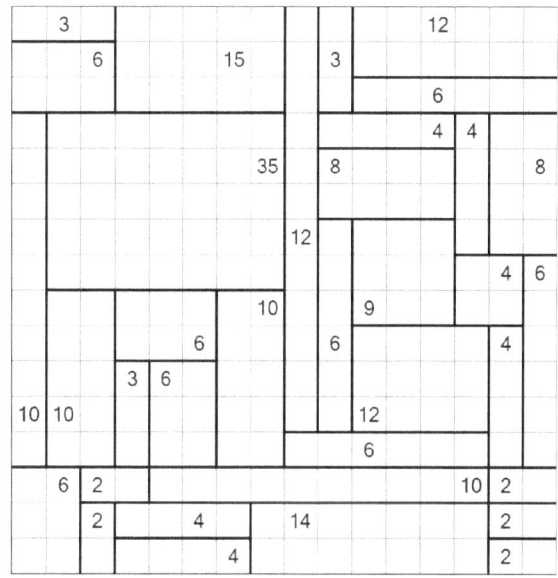

Shikaku 2 solution

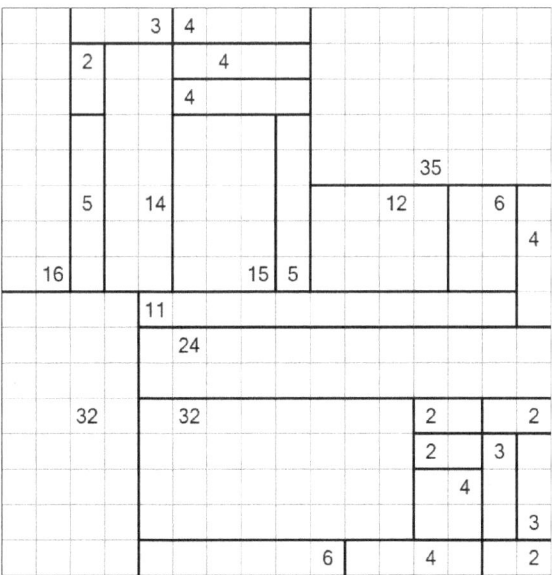

Shikaku 3 solution

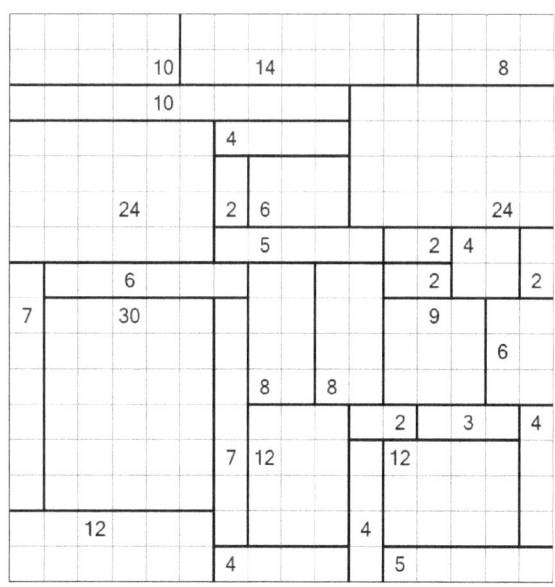

Shikaku 4 solution

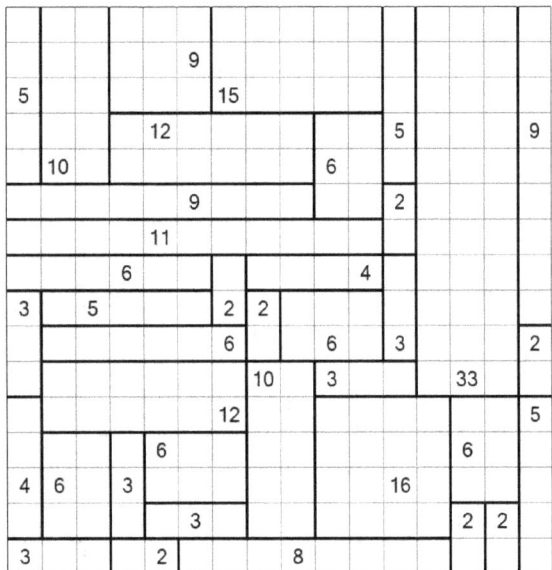
Shikaku 5 solution

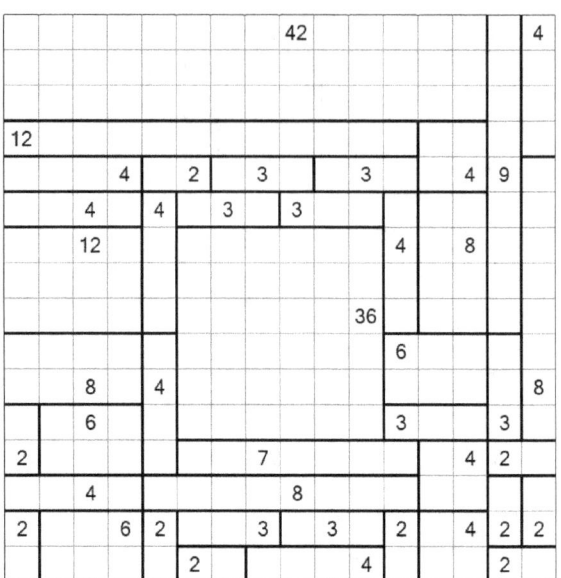
Shikaku 6 solution

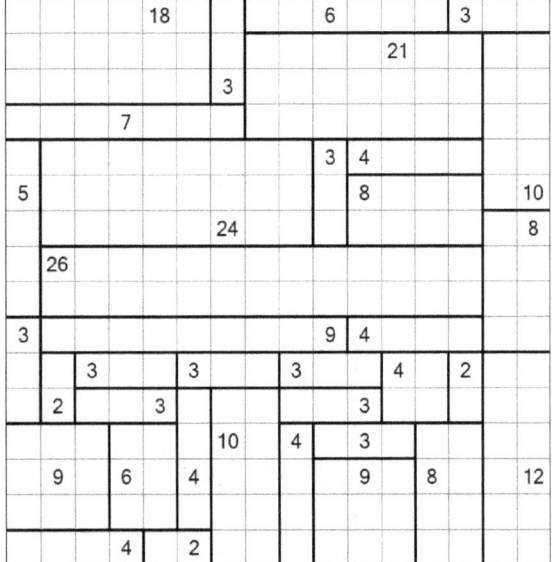
Shikaku 7 solution

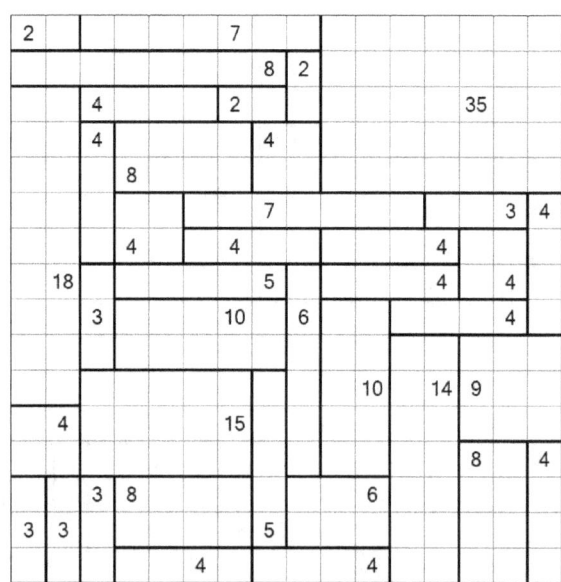
Shikaku 8 solution

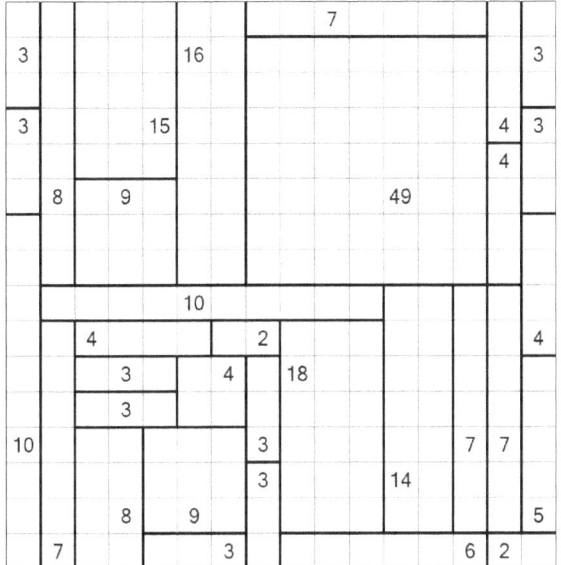
Shikaku 9 solution

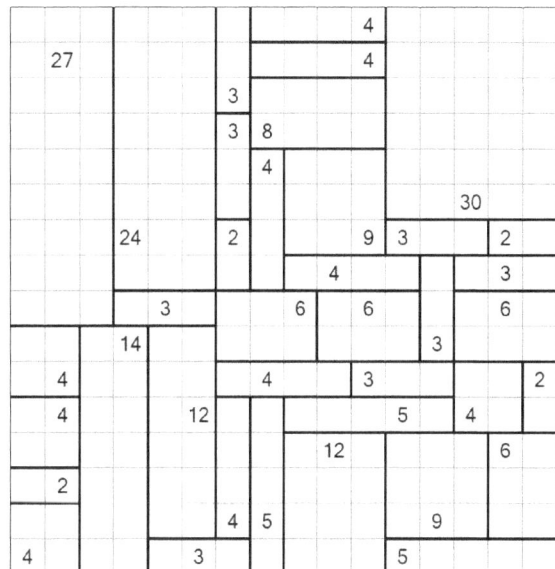
Shikaku 10 solution

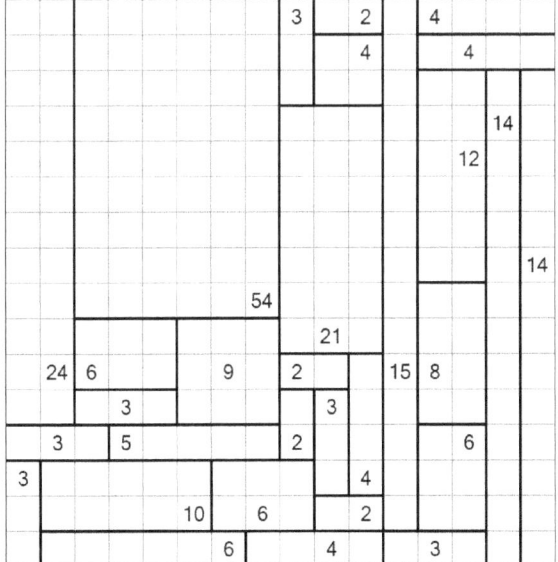
Shikaku 11 solution

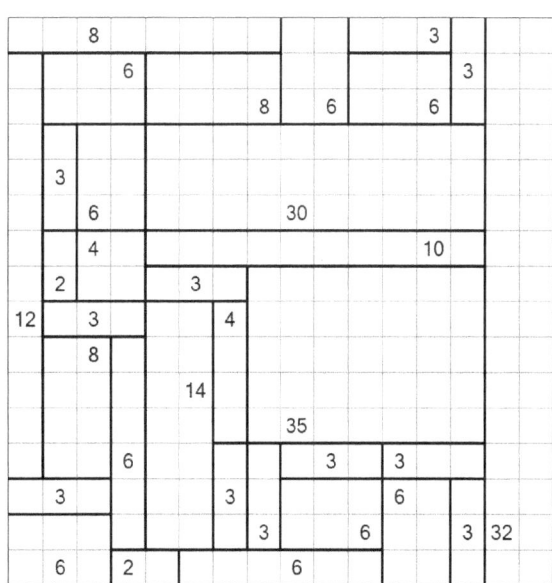
Shikaku 12 solution

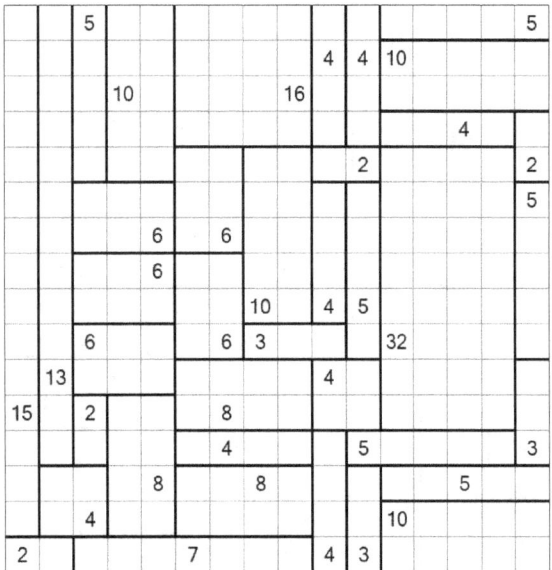

Shikaku 13 solution

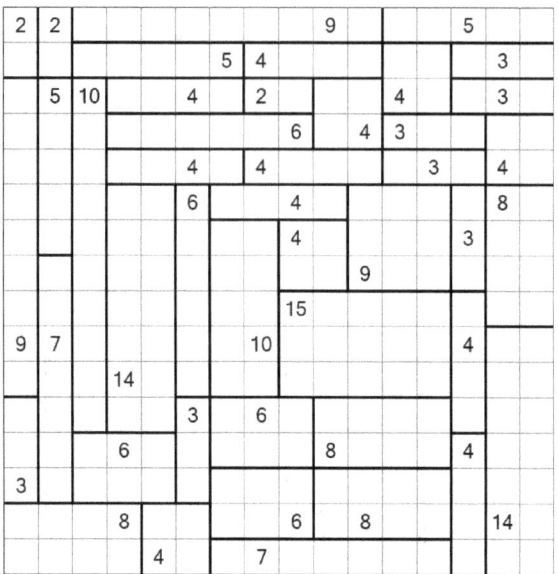

Shikaku 14 solution

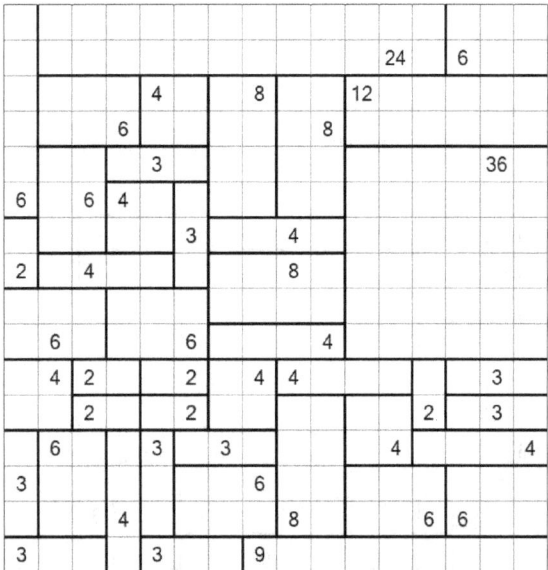

Shikaku 15 solution

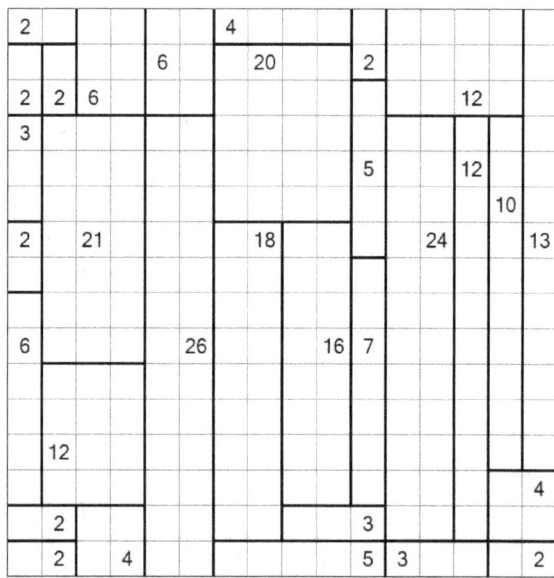

Shikaku 16 solution

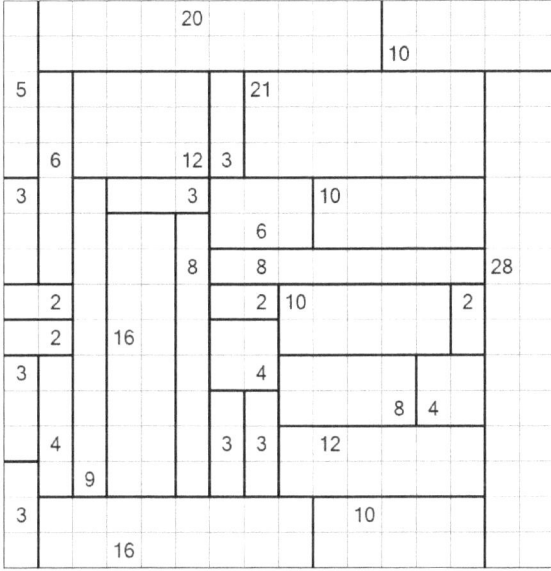
Shikaku 17 solution

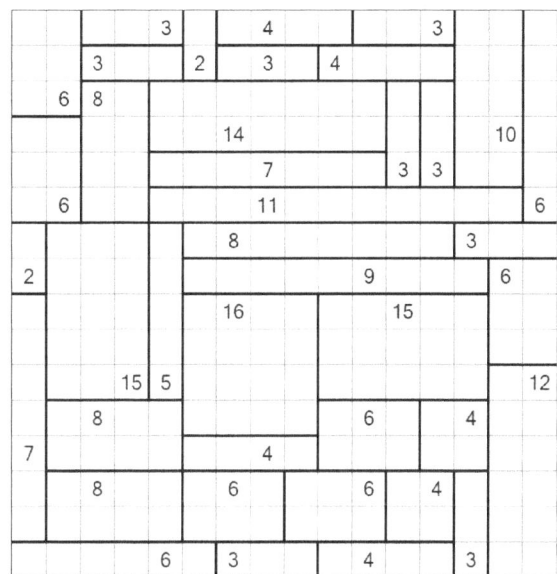
Shikaku 18 solution

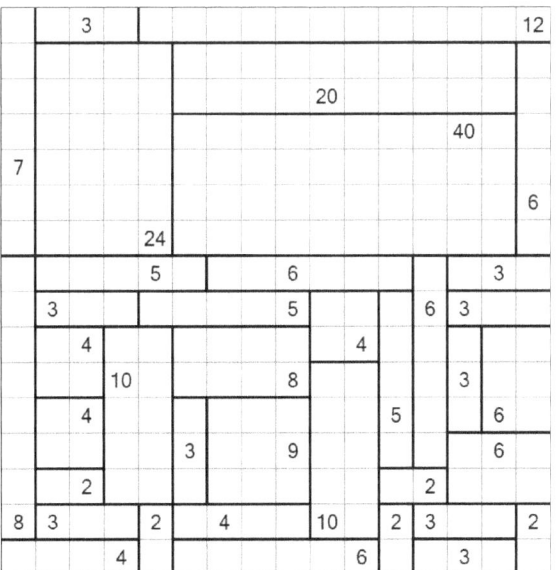
Shikaku 19 solution

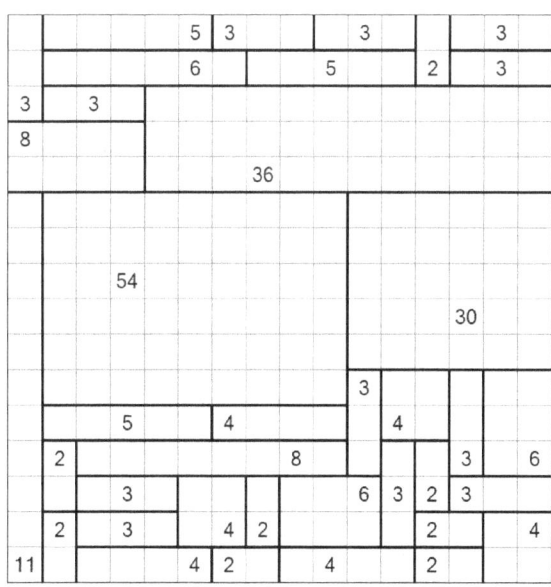
Shikaku 20 solution

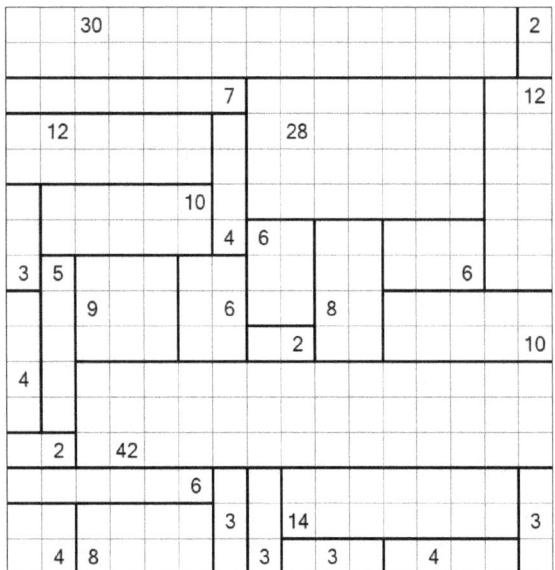

Shikaku 21 solution

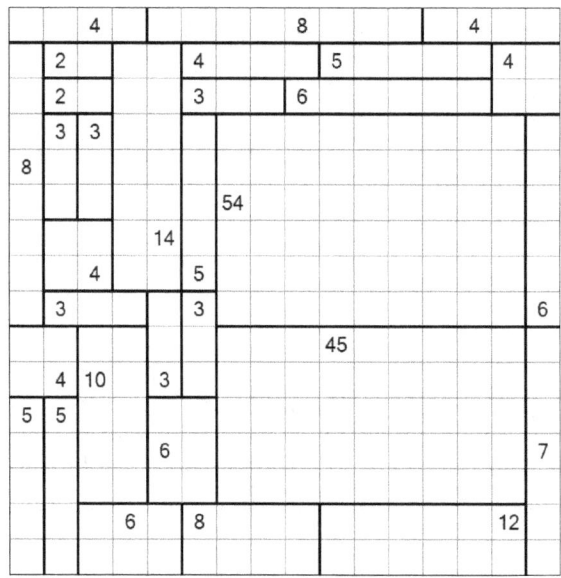

Shikaku 22 solution

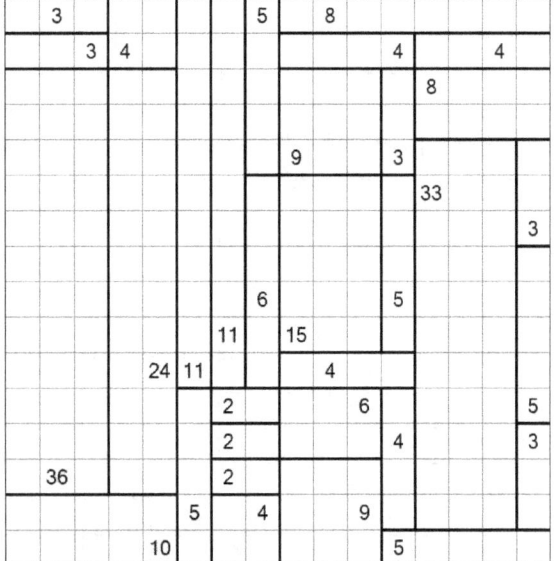

Shikaku 23 solution

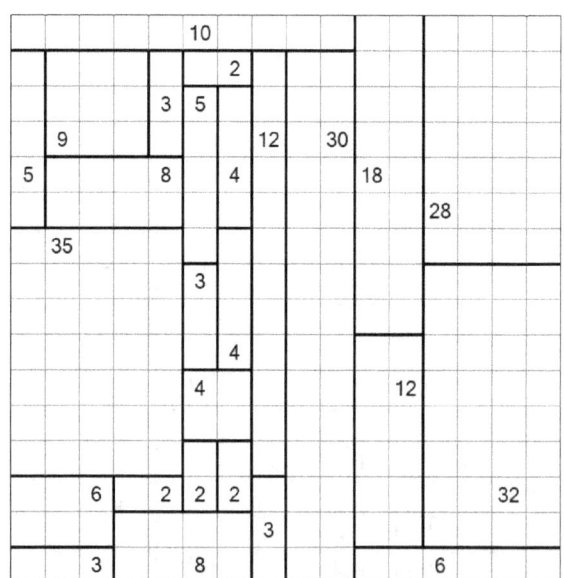

Shikaku 24 solution

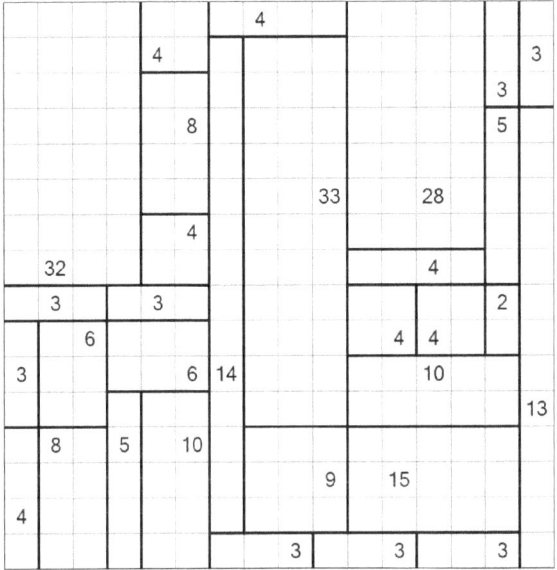
Shikaku 25 solution

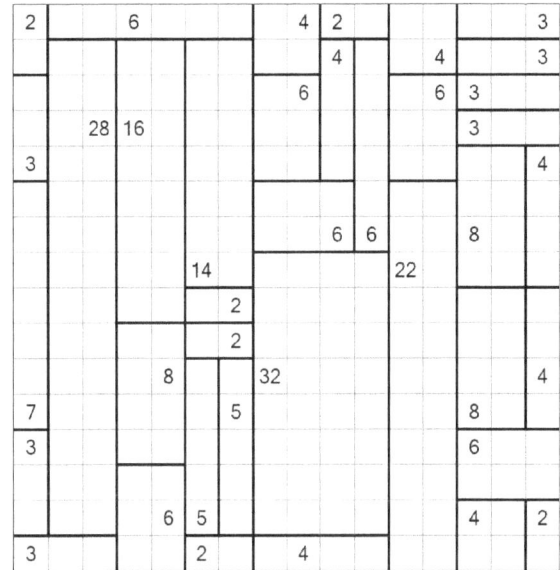
Shikaku 26 solution

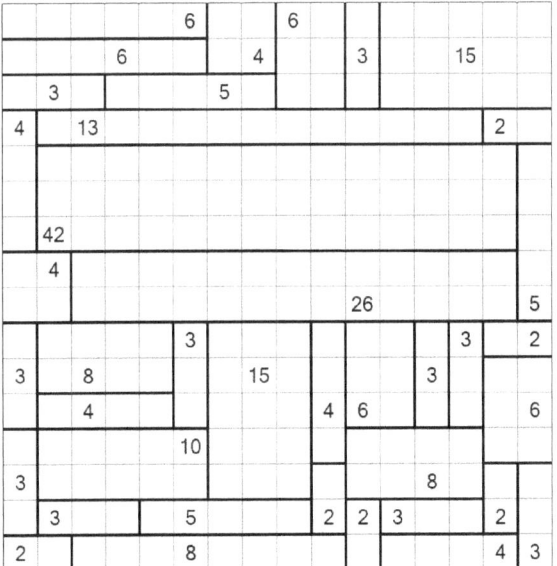
Shikaku 27 solution

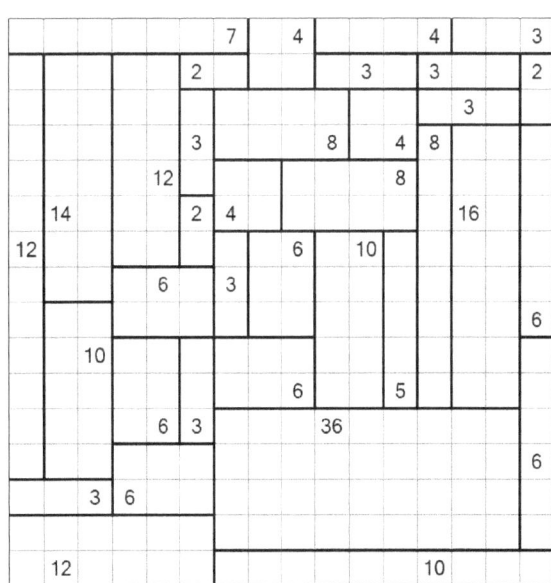
Shikaku 28 solution

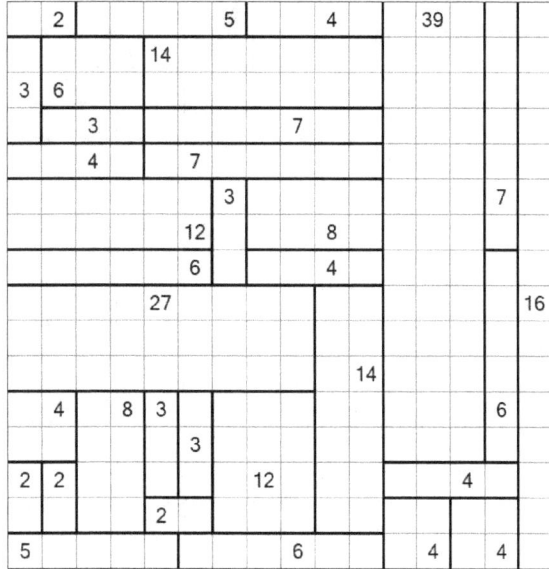
Shikaku 29 solution

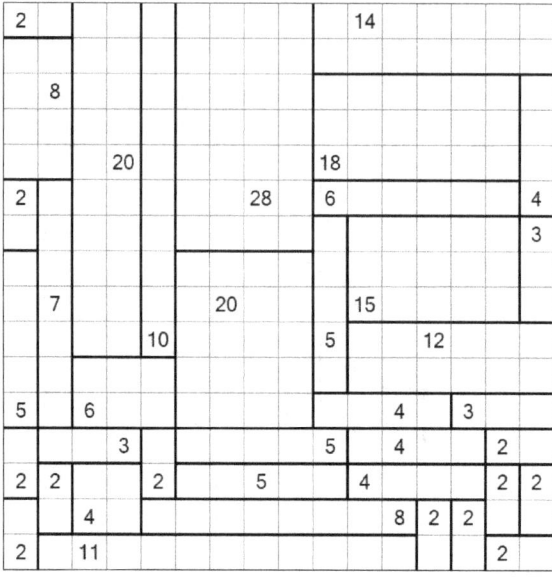
Shikaku 30 solution

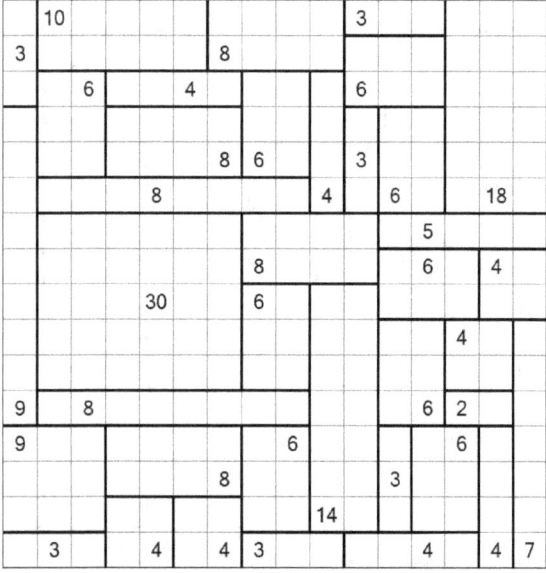
Shikaku 31 solution

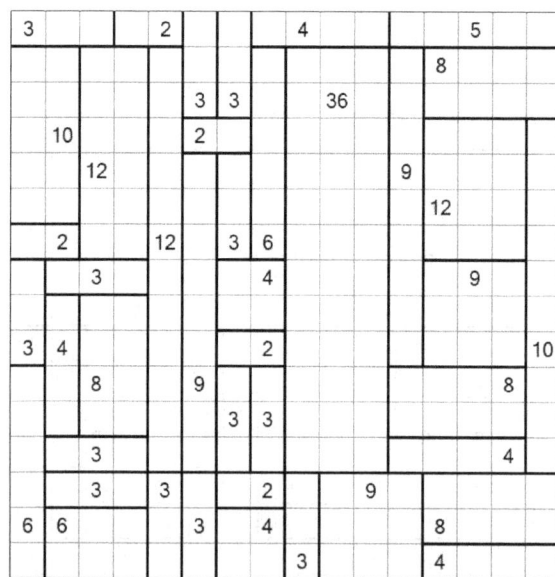
Shikaku 32 solution

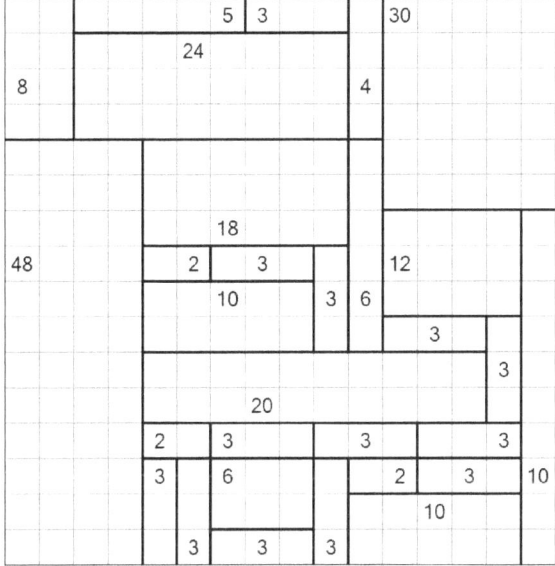

Shikaku 33 solution

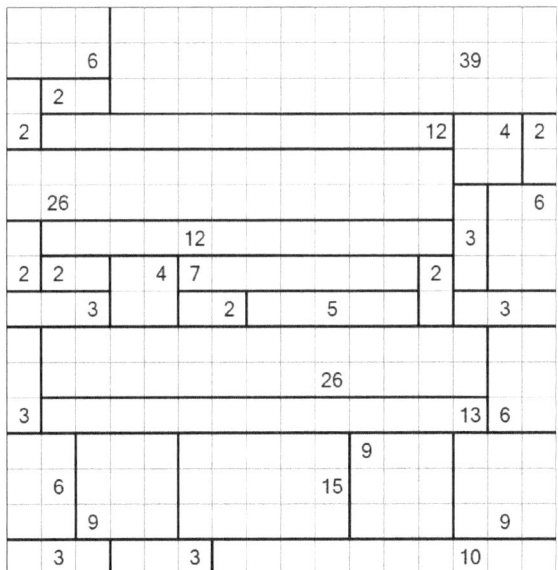

Shikaku 35 solution

Shikaku 34 solution

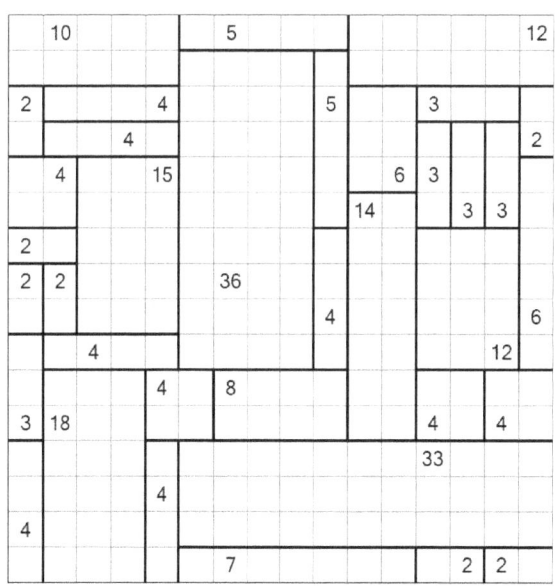

Shikaku 36 solution

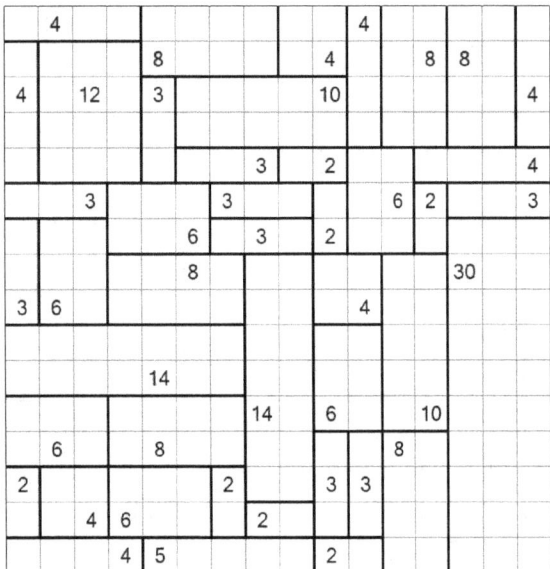

Shikaku 37 solution

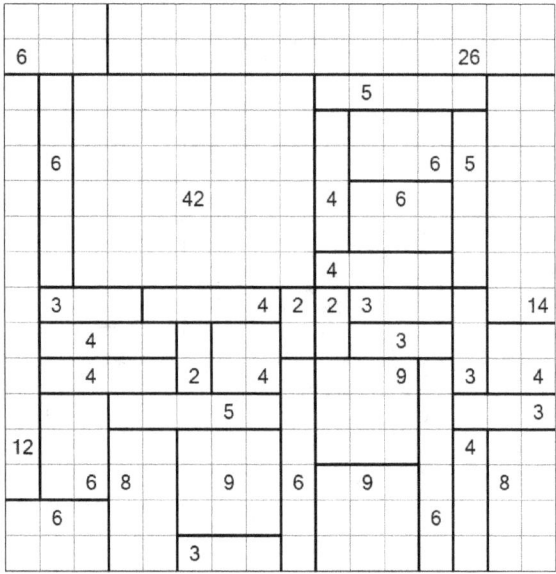

Shikaku 38 solution

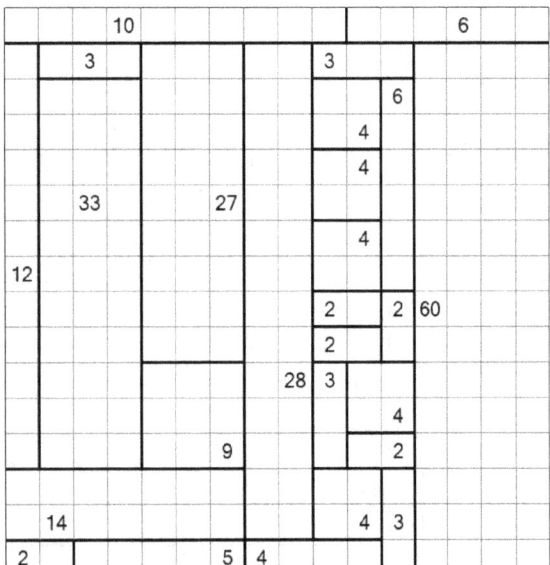

Shikaku 39 solution

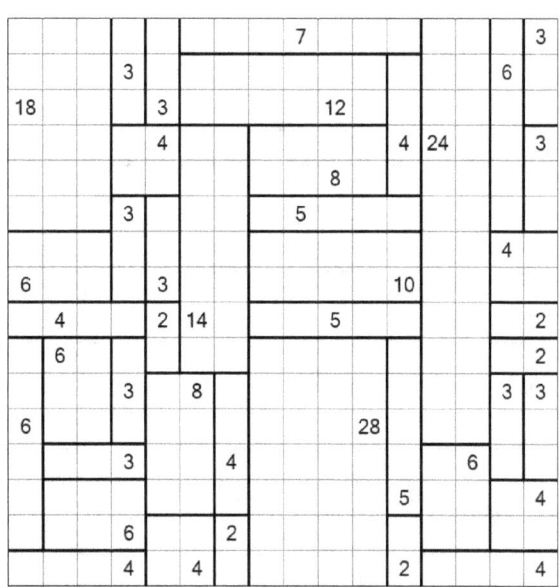

Shikaku 40 solution

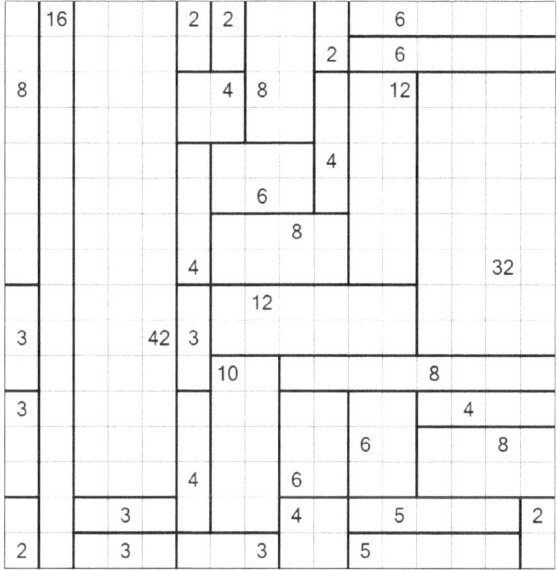

Shikaku 41 solution

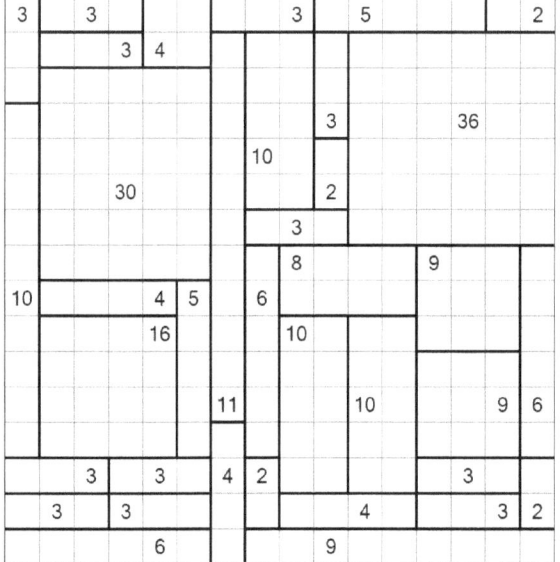

Shikaku 43 solution

Shikaku 42 solution

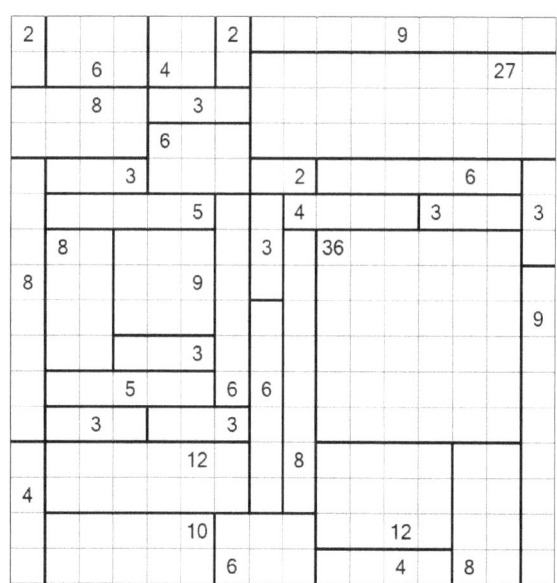

Shikaku 44 solution

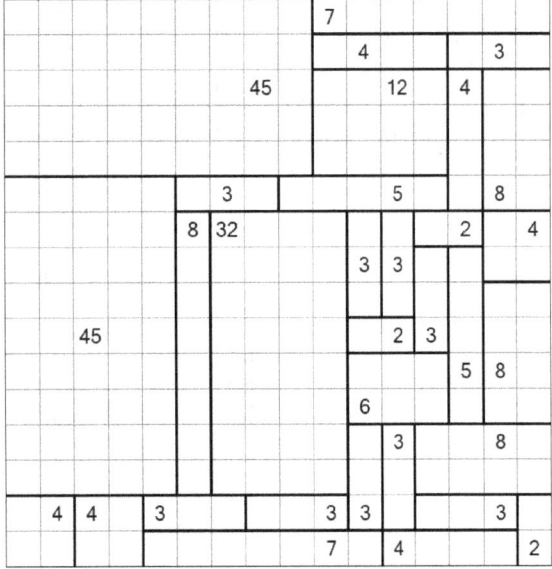
Shikaku 45 solution

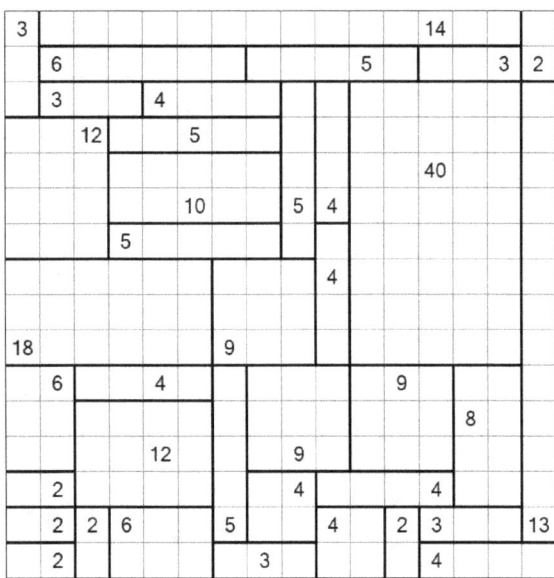
Shikaku 46 solution

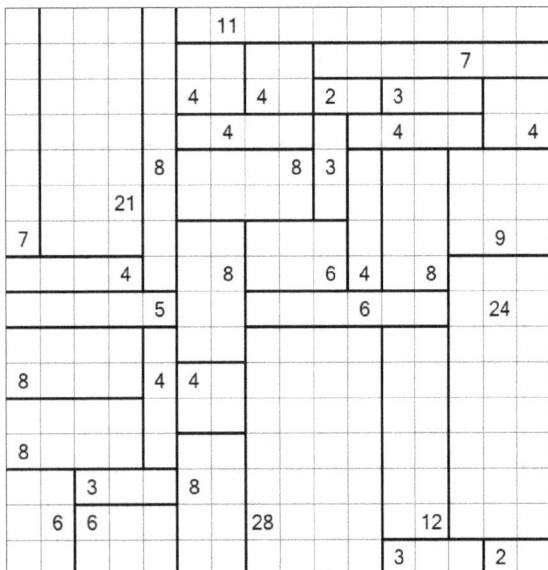
Shikaku 47 solution

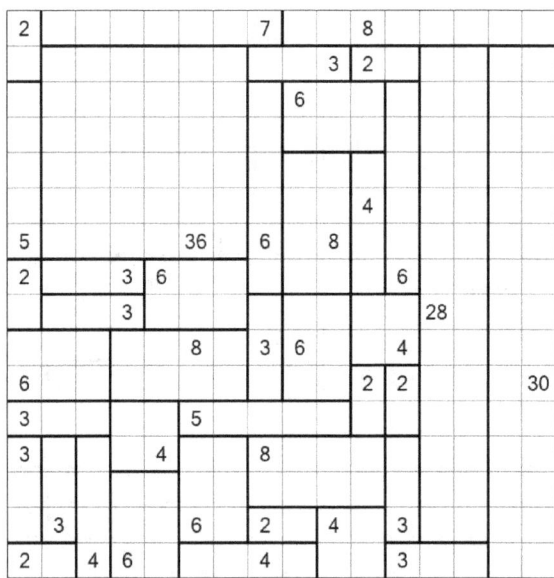
Shikaku 48 solution

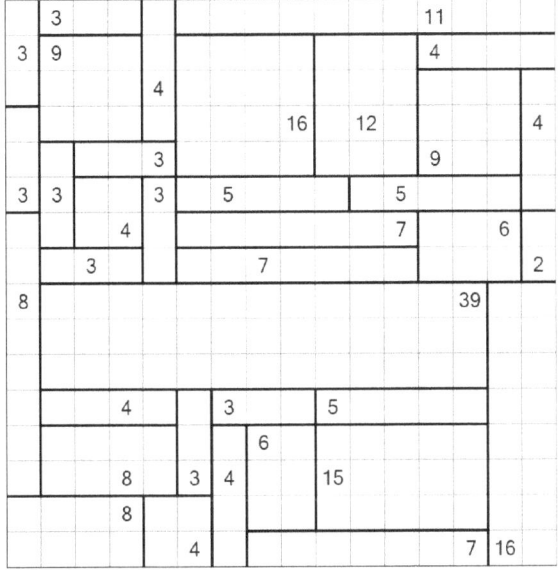

Shikaku 49 solution

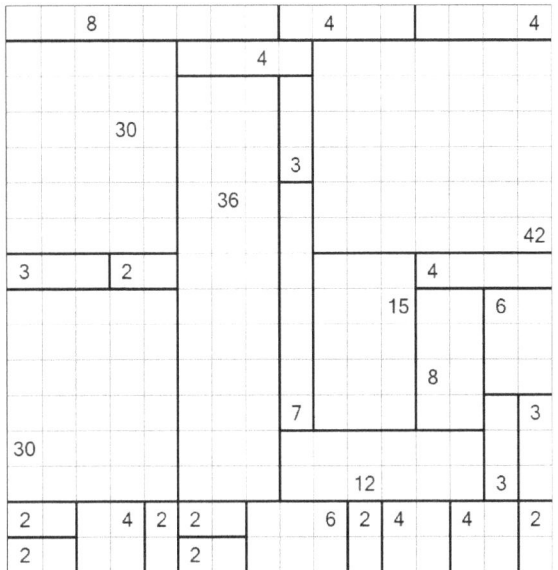

Shikaku 50 solution

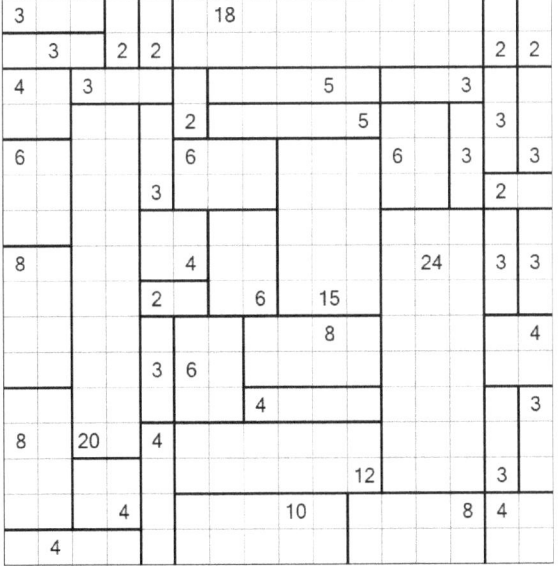

Shikaku 51 solution

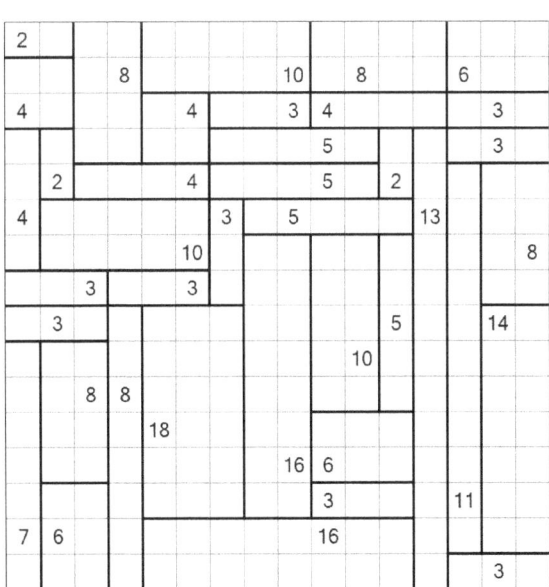

Shikaku 52 solution

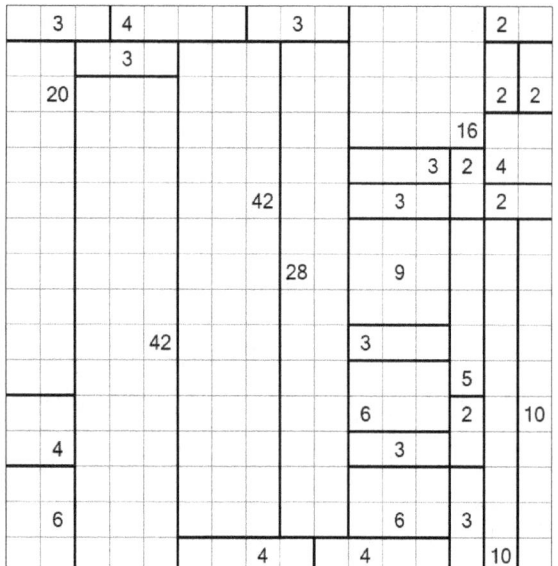
Shikaku 53 solution

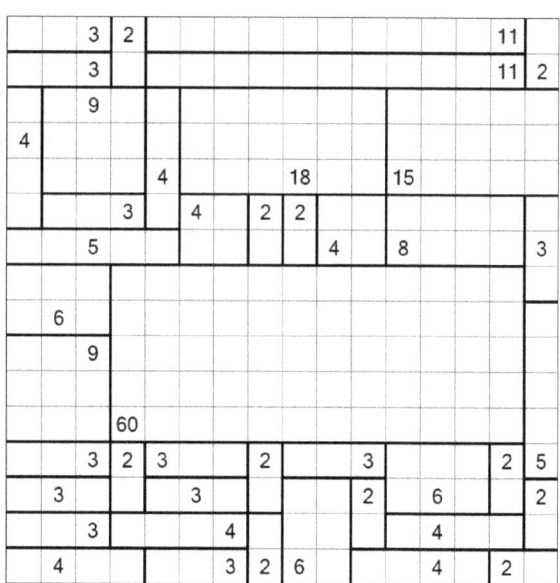
Shikaku 54 solution

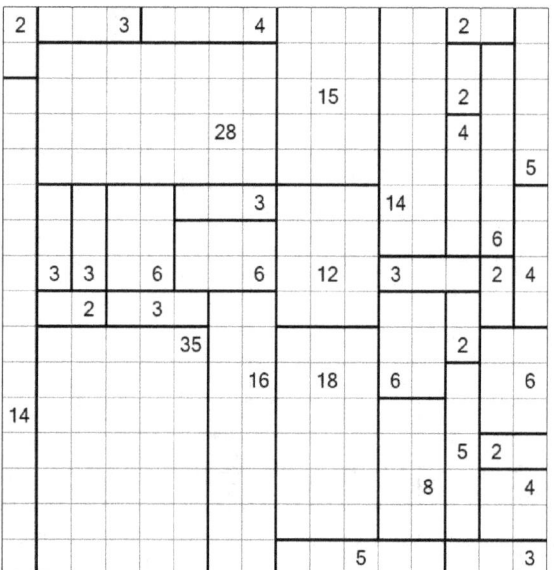
Shikaku 55 solution

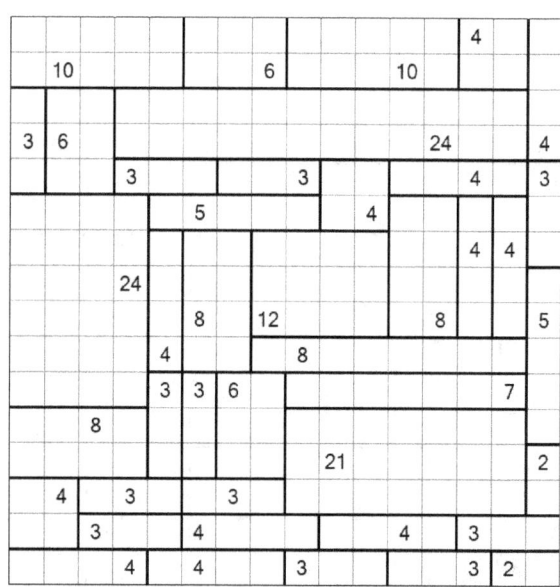
Shikaku 56 solution

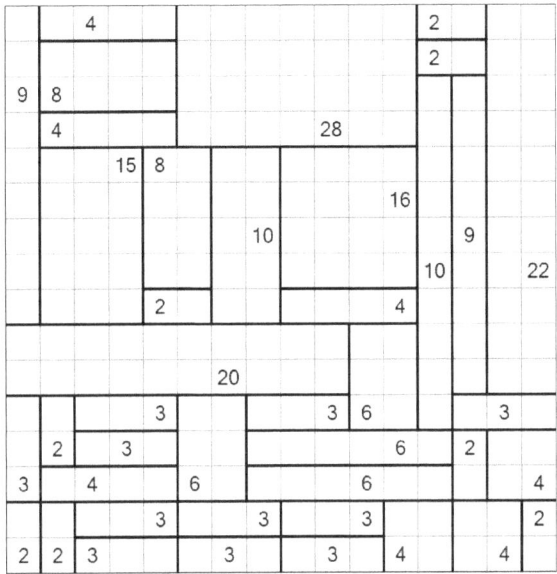
Shikaku 57 solution

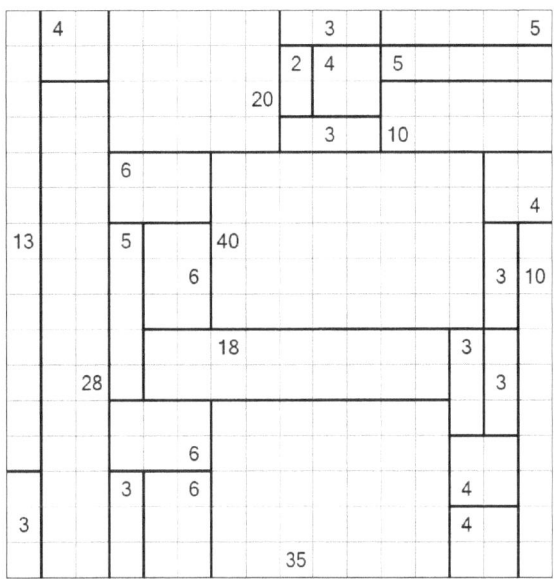
Shikaku 58 solution

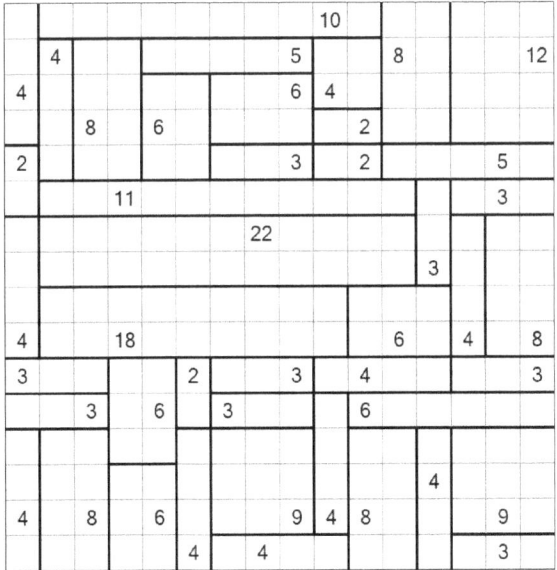
Shikaku 59 solution

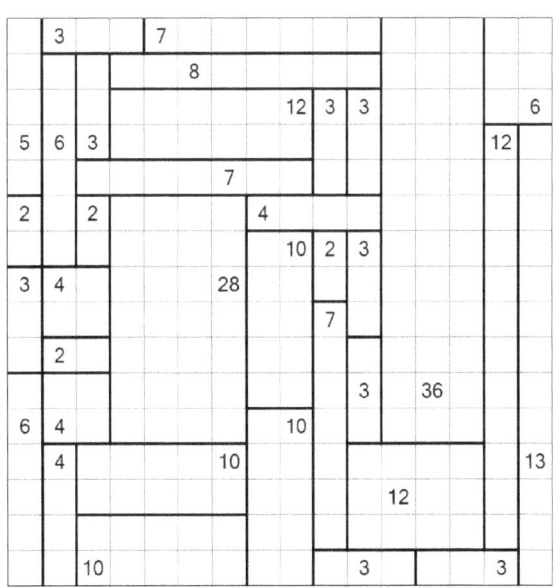
Shikaku 60 solution

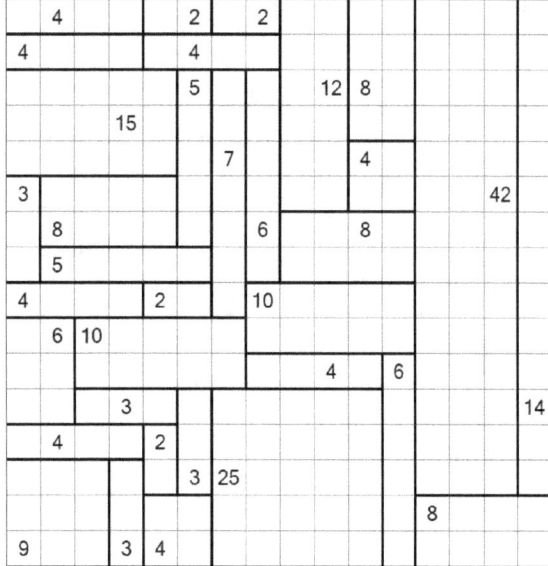
Shikaku 61 solution

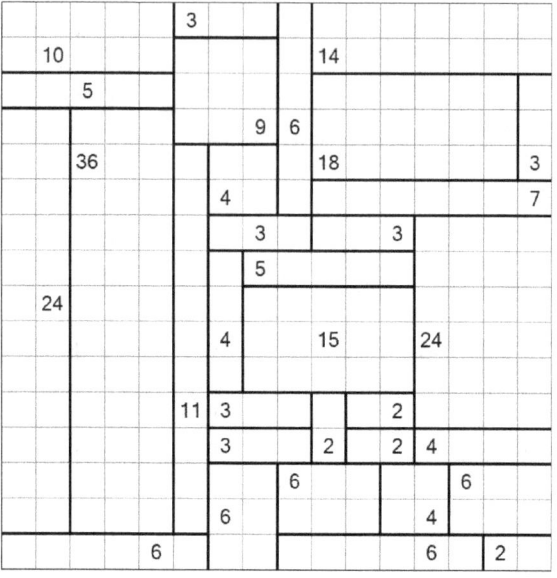
Shikaku 62 solution

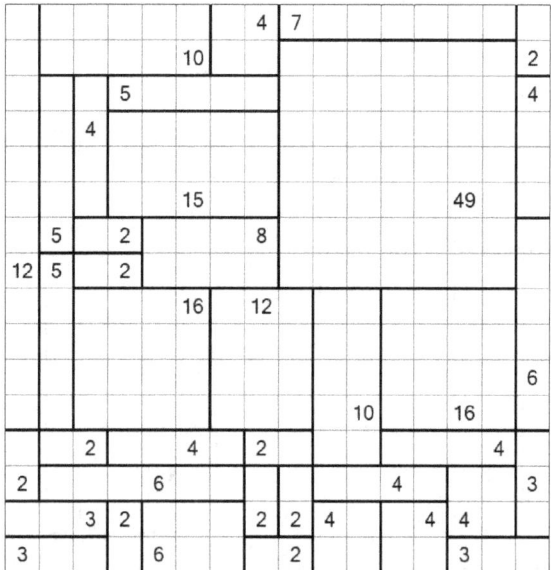
Shikaku 63 solution

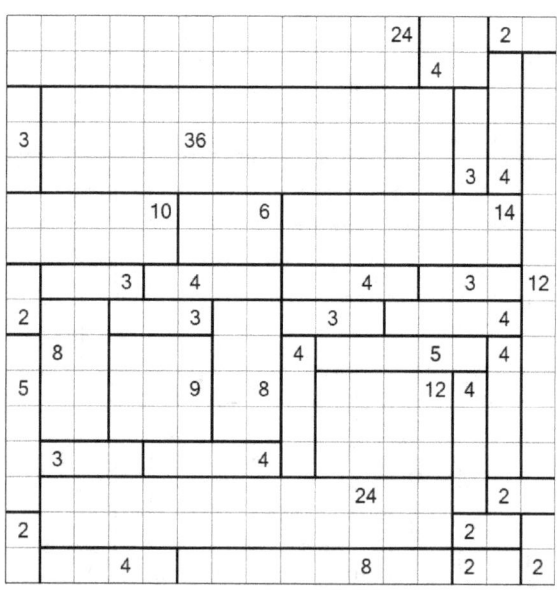
Shikaku 64 solution

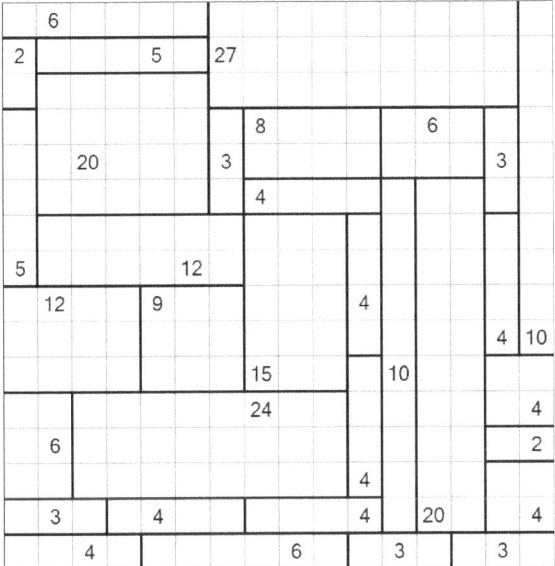

Shikaku 65 solution

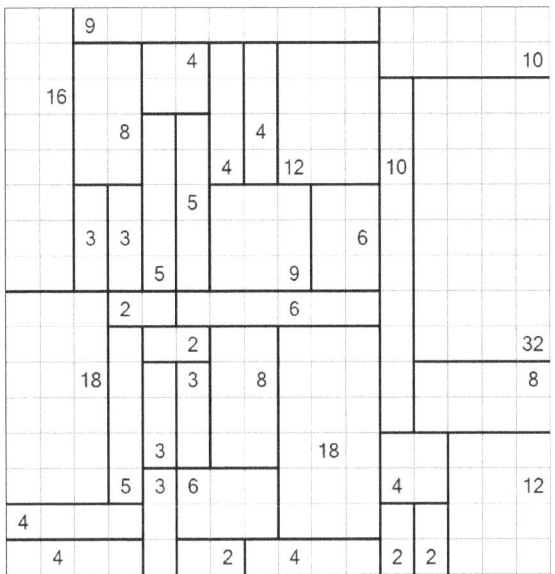

Shikaku 66 solution

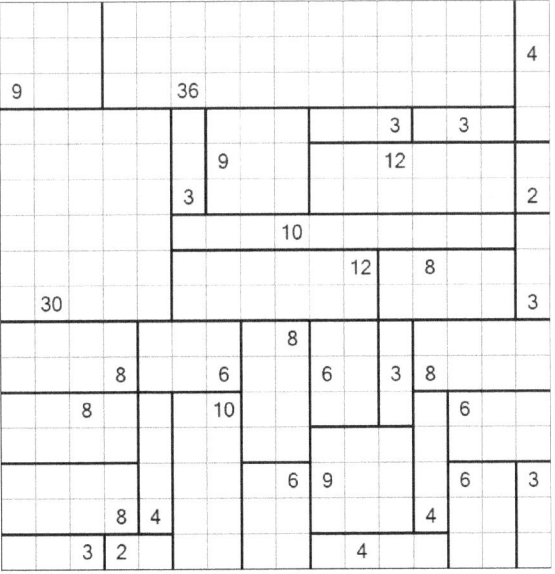

Shikaku 67 solution

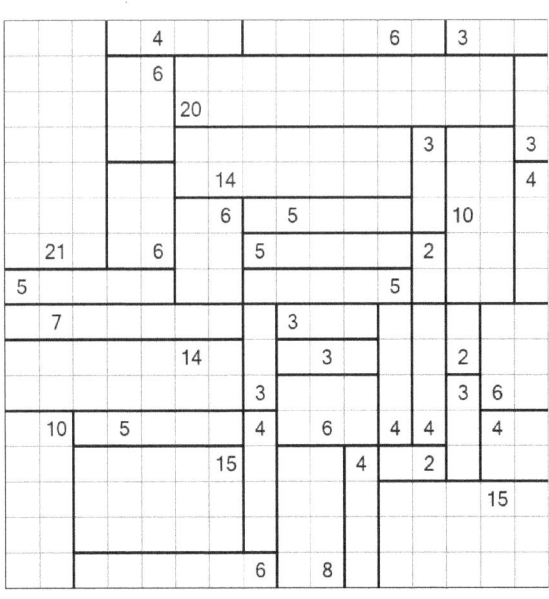

Shikaku 68 solution

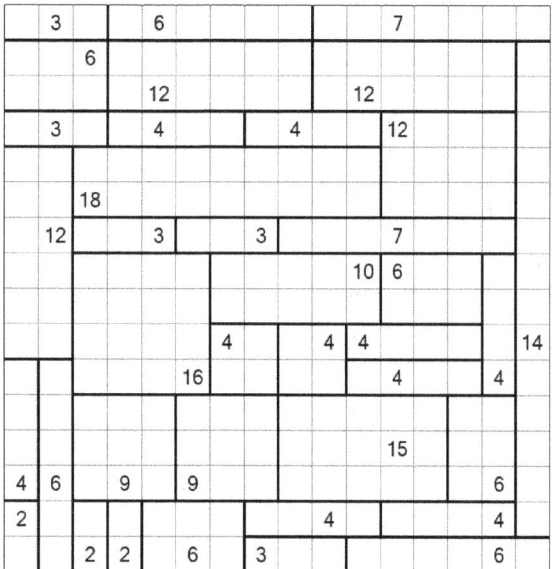
Shikaku 69 solution

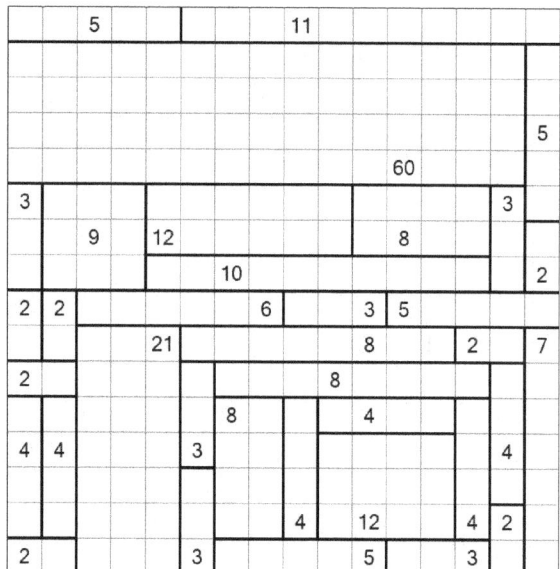
Shikaku 70 solution

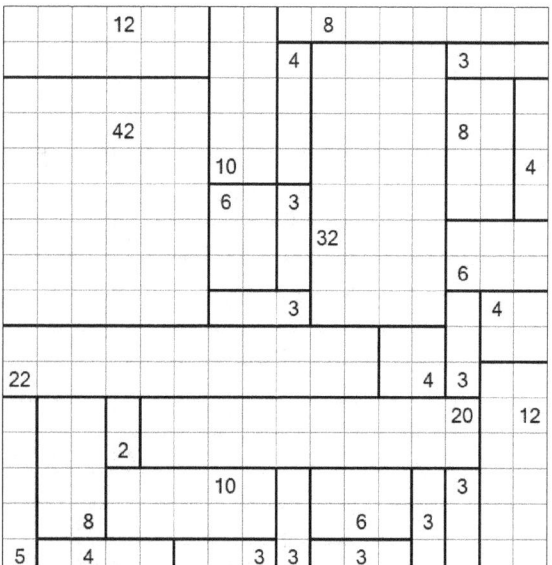
Shikaku 71 solution

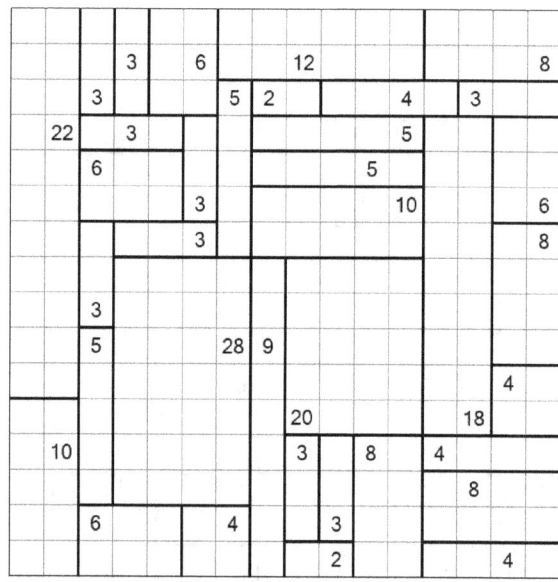
Shikaku 72 solution

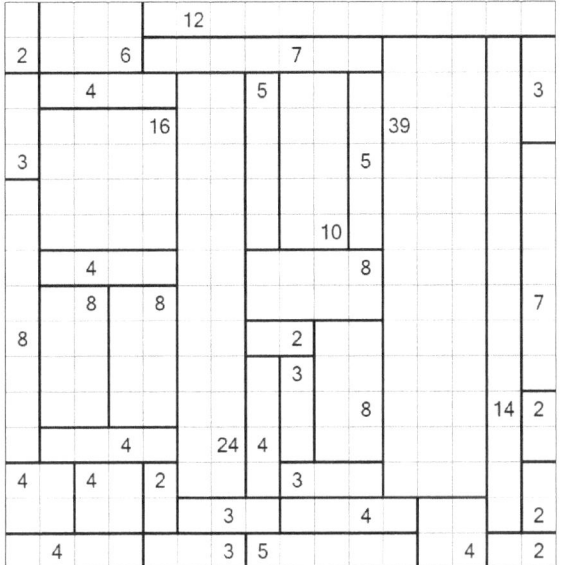

Shikaku 73 solution

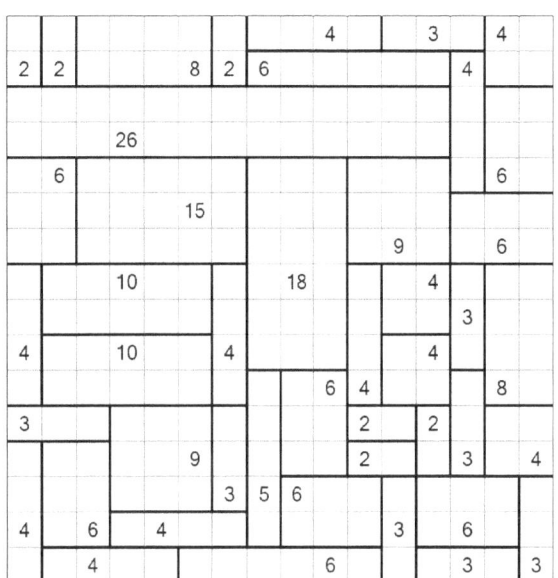

Shikaku 74 solution

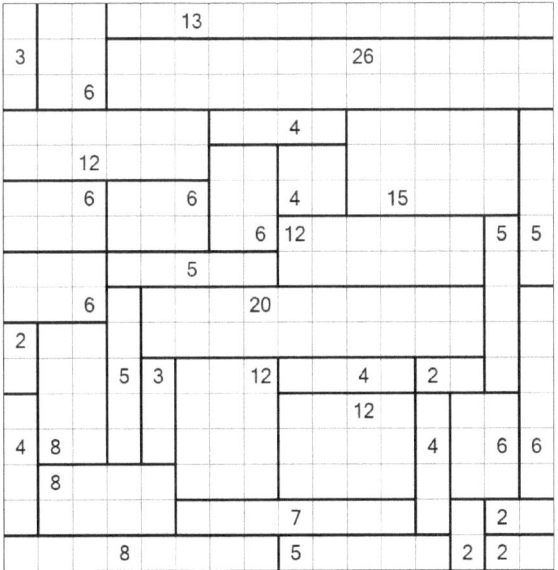

Shikaku 75 solution

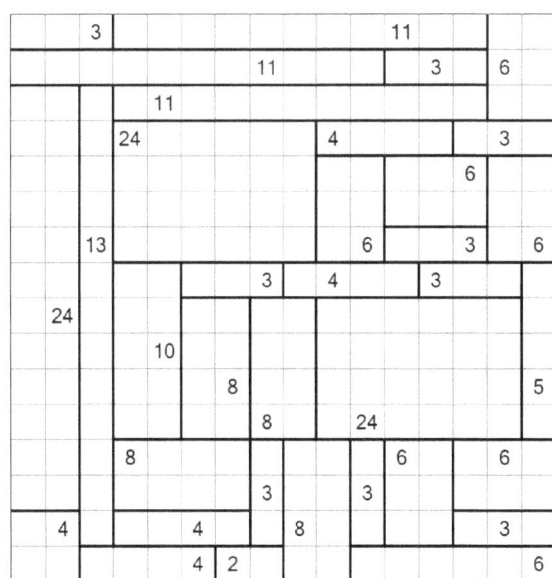

Shikaku 76 solution

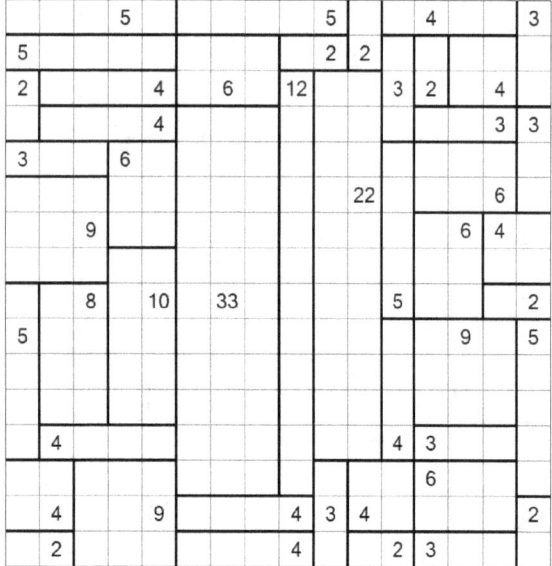

Shikaku 77 solution

Shikaku 78 solution

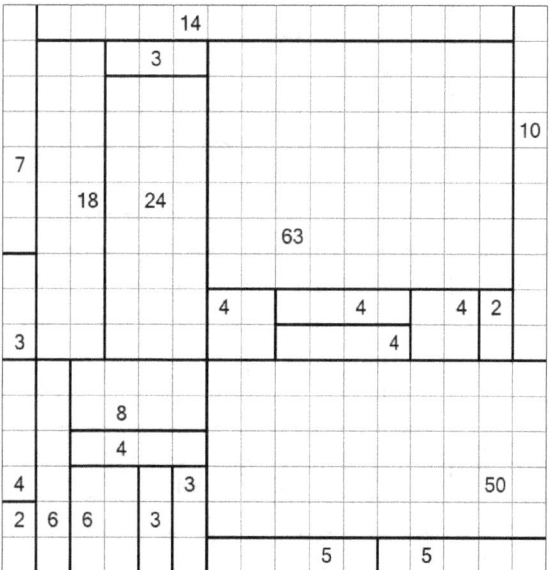

Shikaku 79 solution

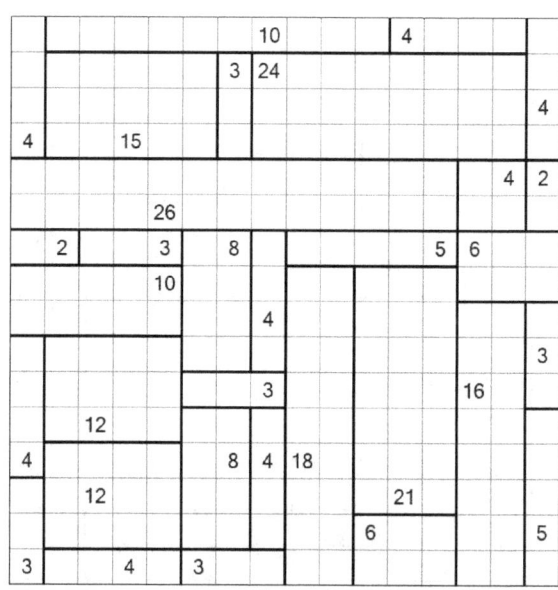

Shikaku 80 solution

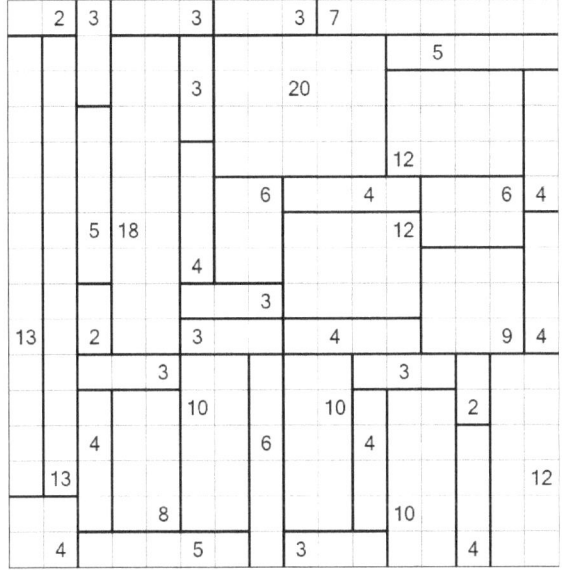

Shikaku 81 solution

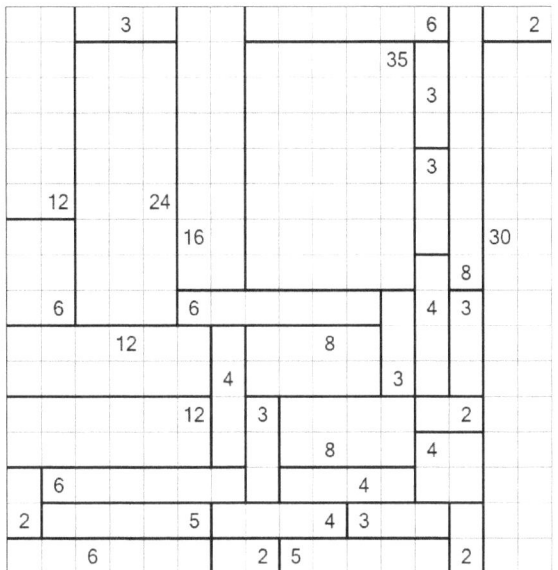

Shikaku 82 solution

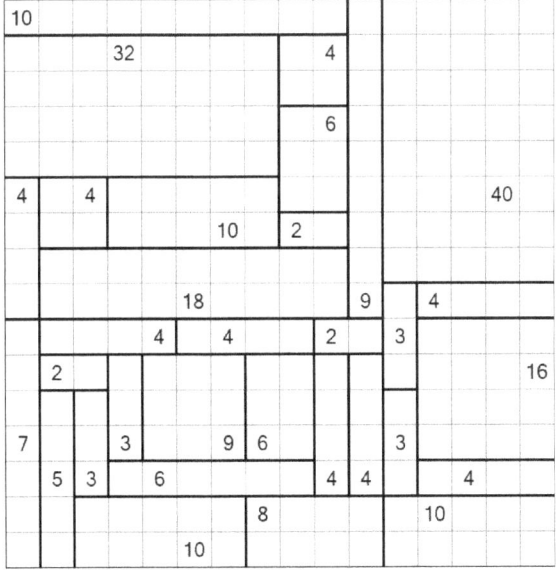

Shikaku 83 solution

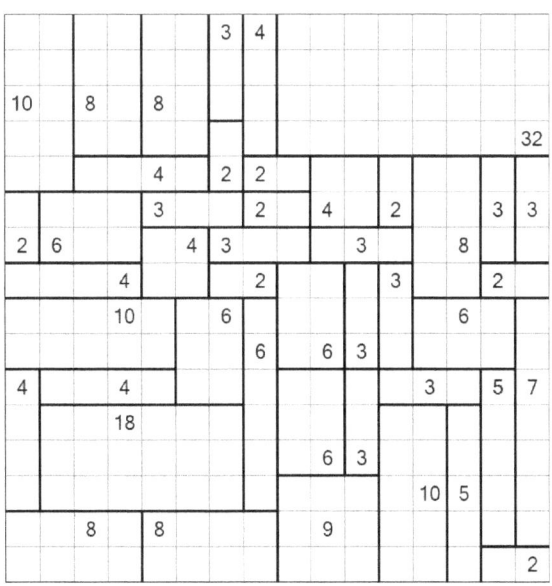

Shikaku 84 solution

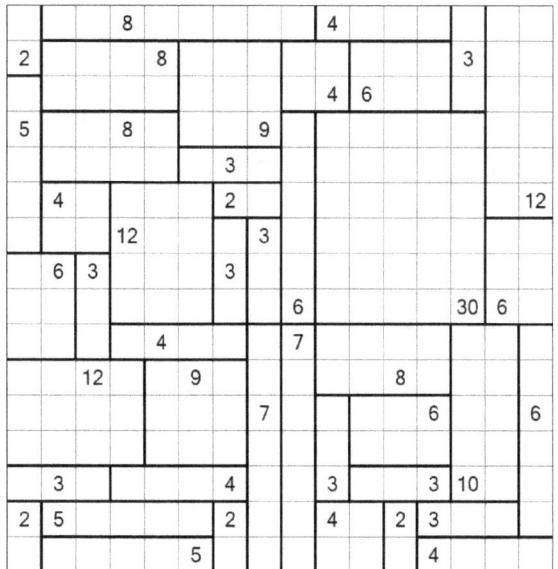
Shikaku 85 solution

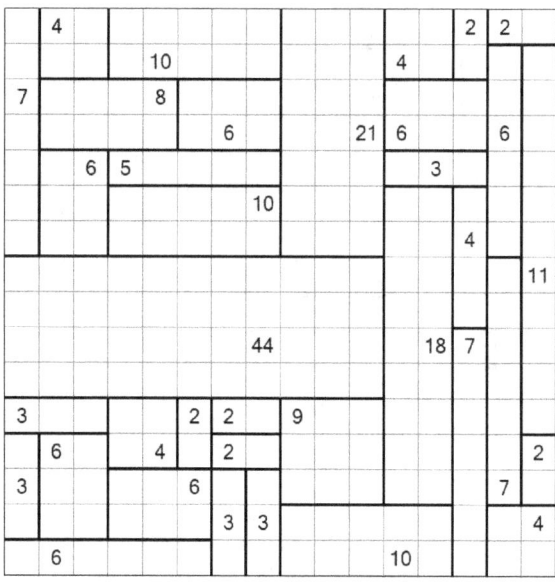
Shikaku 86 solution

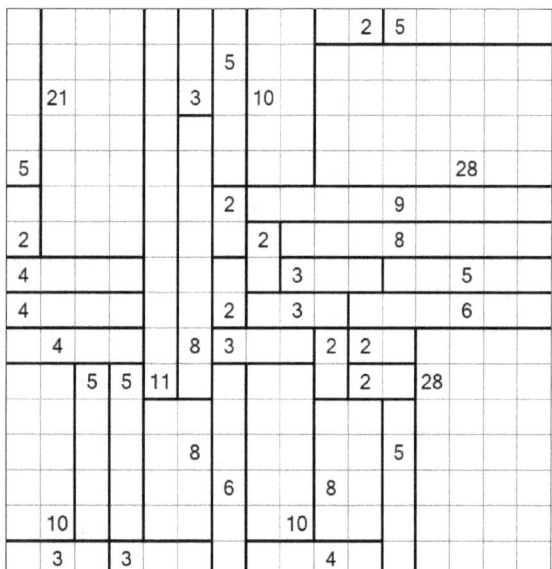
Shikaku 87 solution

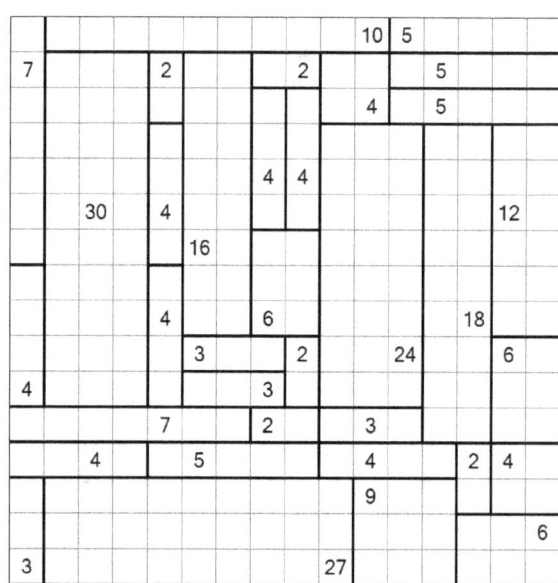
Shikaku 88 solution

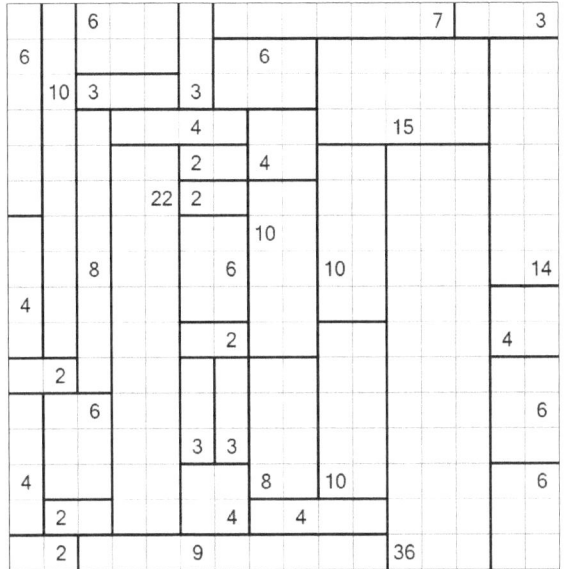
Shikaku 89 solution

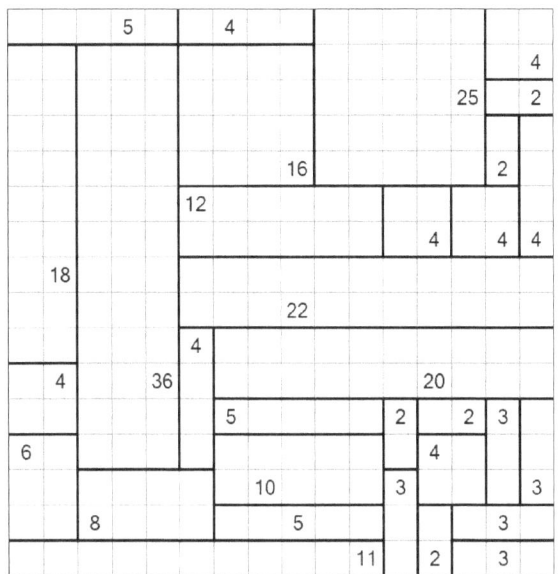
Shikaku 90 solution

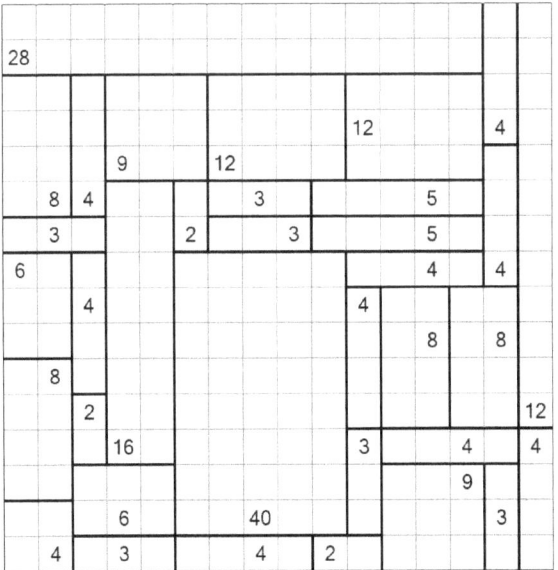
Shikaku 91 solution

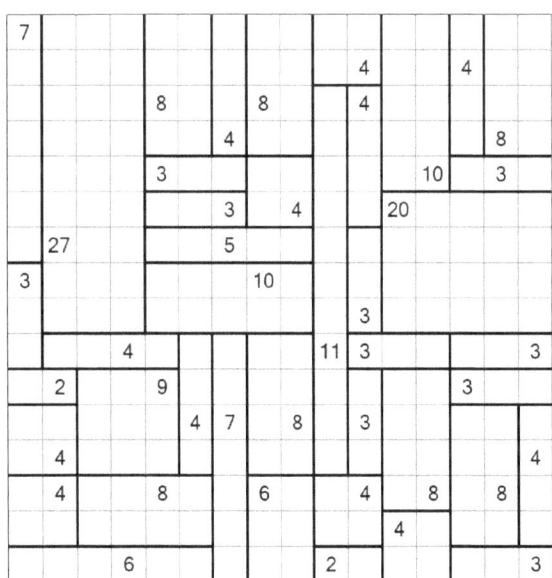
Shikaku 92 solution

Shikaku 93 solution

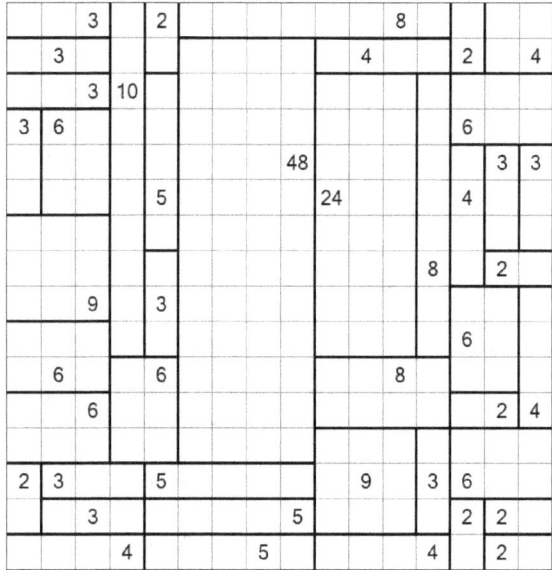

Shikaku 94 solution

Shikaku 95 solution

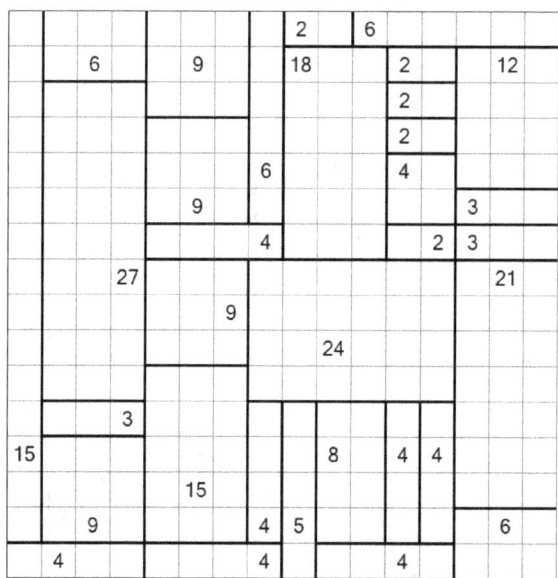

Shikaku 96 solution

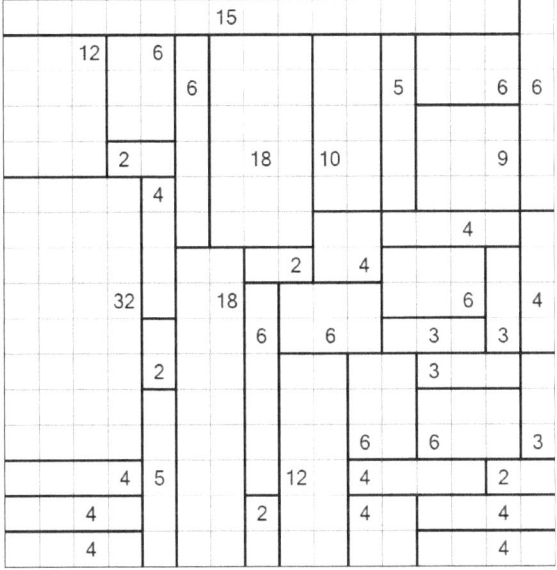
Shikaku 97 solution

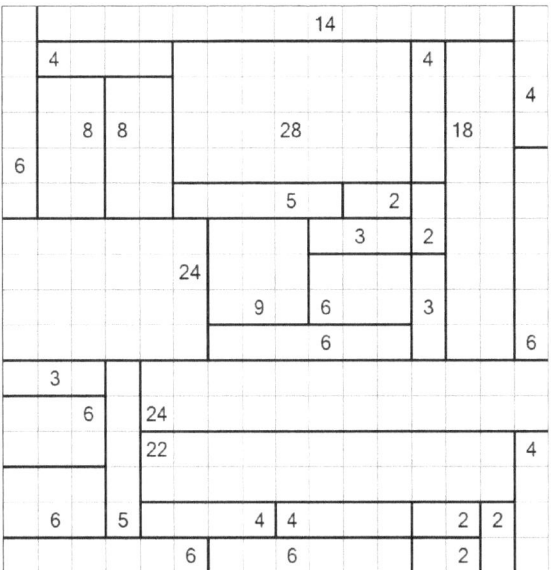
Shikaku 98 solution

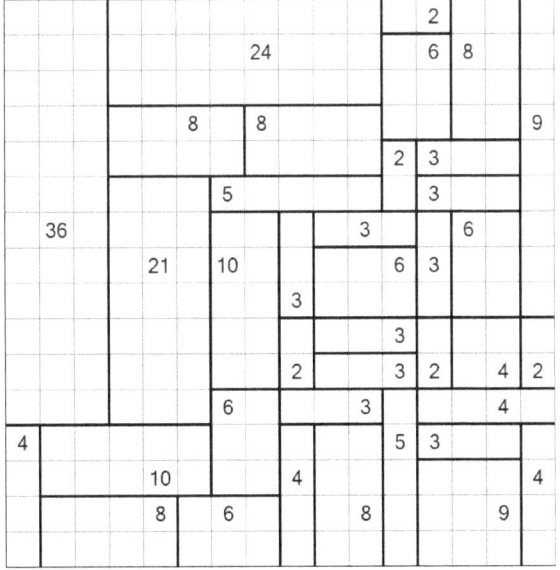
Shikaku 99 solution

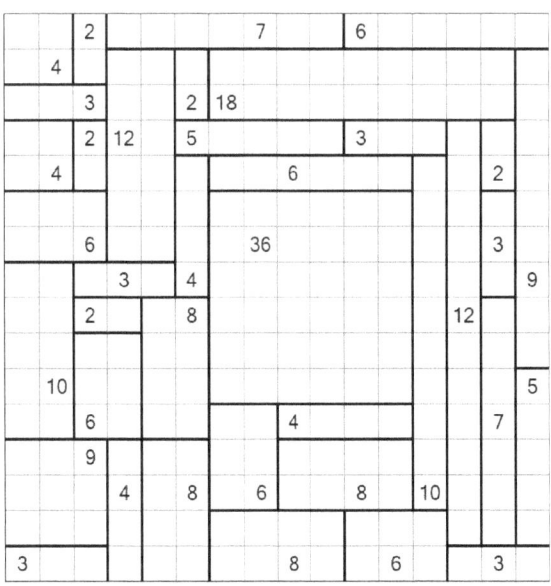
Shikaku 100 solution

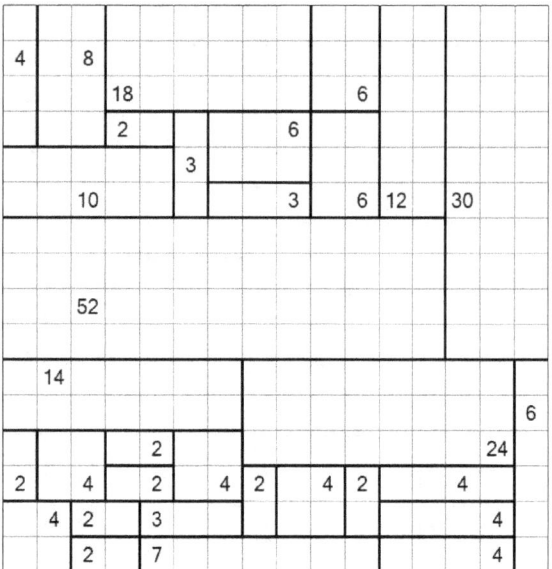
Shikaku 101 solution

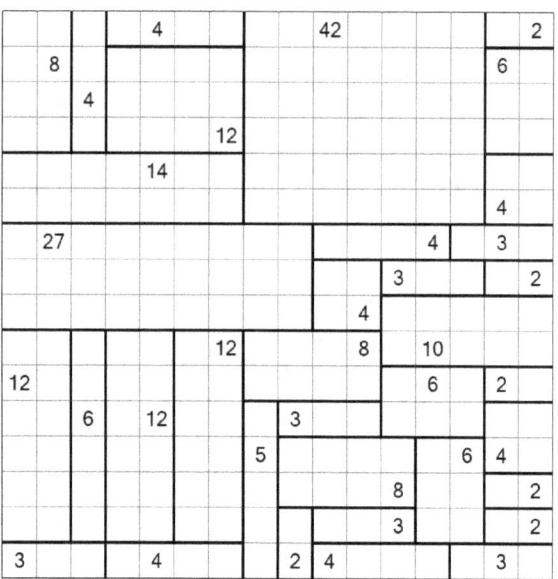
Shikaku 102 solution

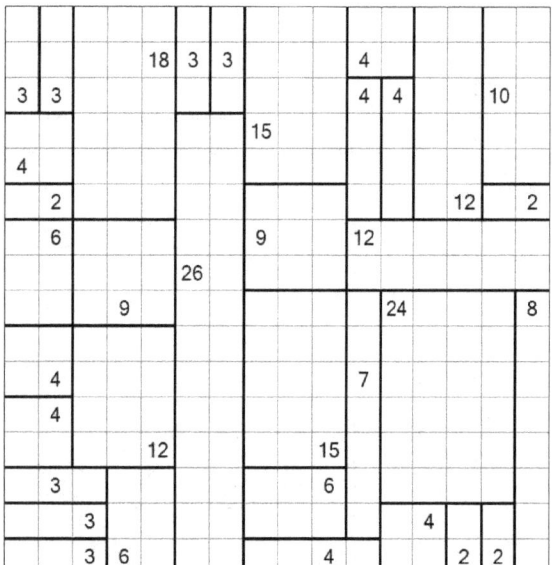
Shikaku 103 solution

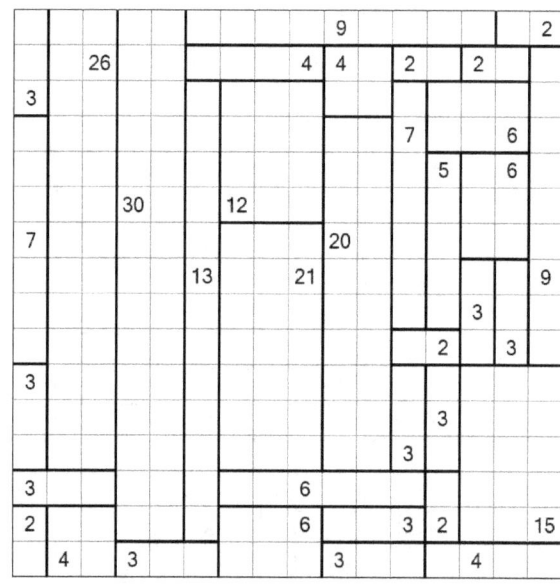
Shikaku 104 solution

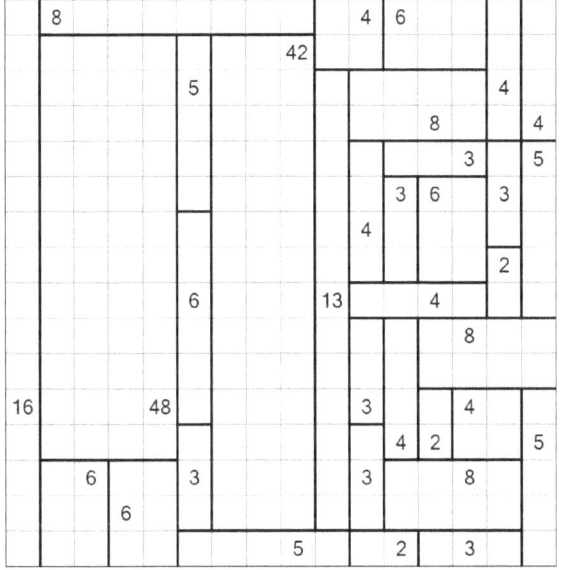
Shikaku 105 solution

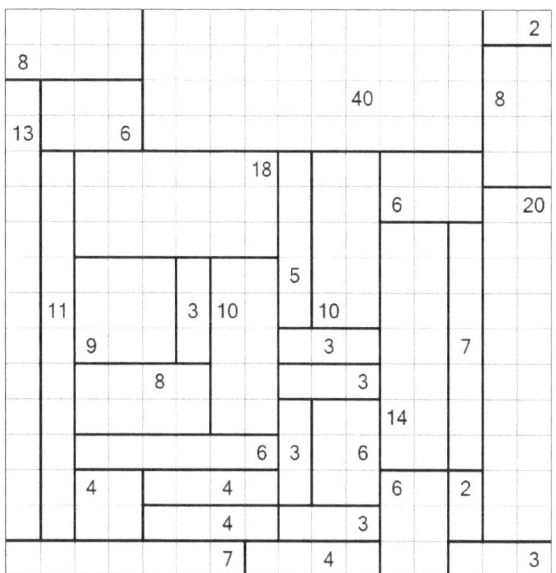
Shikaku 106 solution

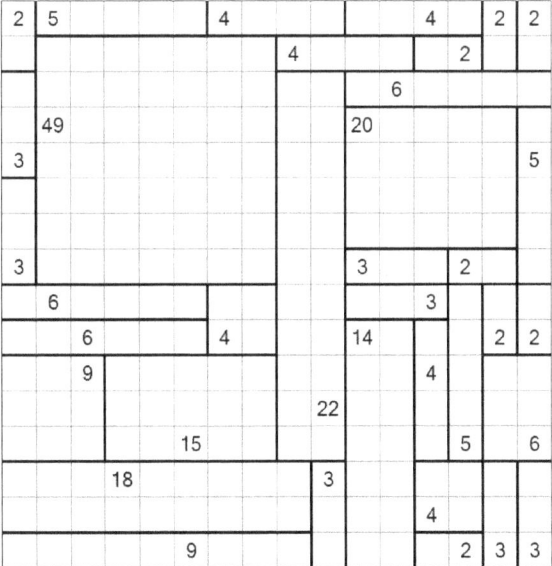
Shikaku 107 solution

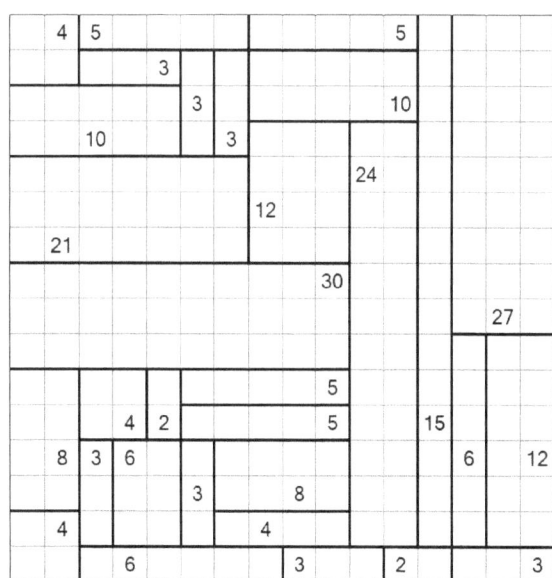
Shikaku 108 solution

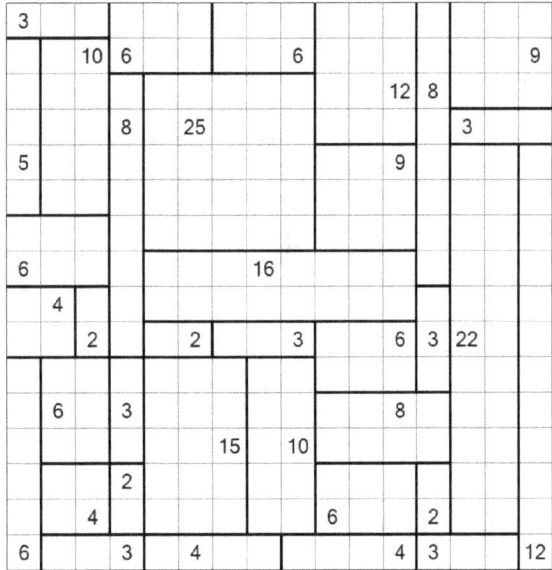
Shikaku 109 solution

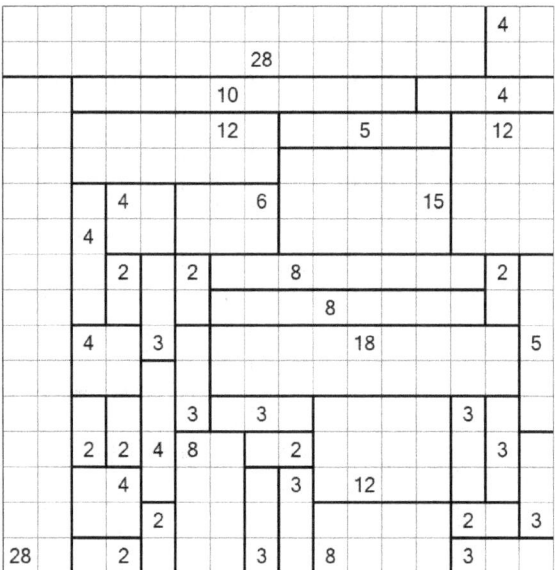
Shikaku 110 solution

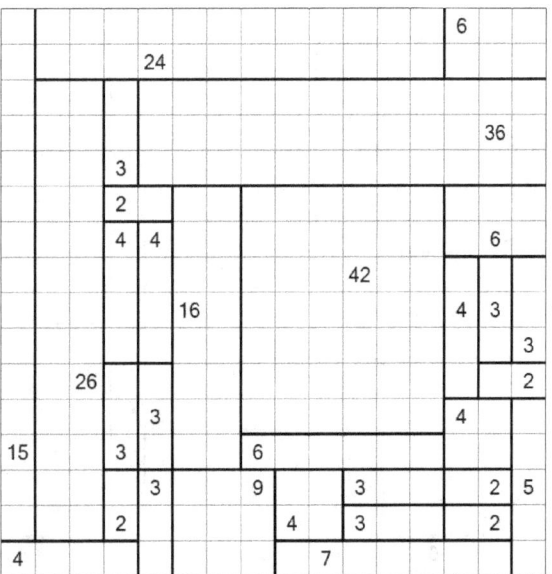
Shikaku 111 solution

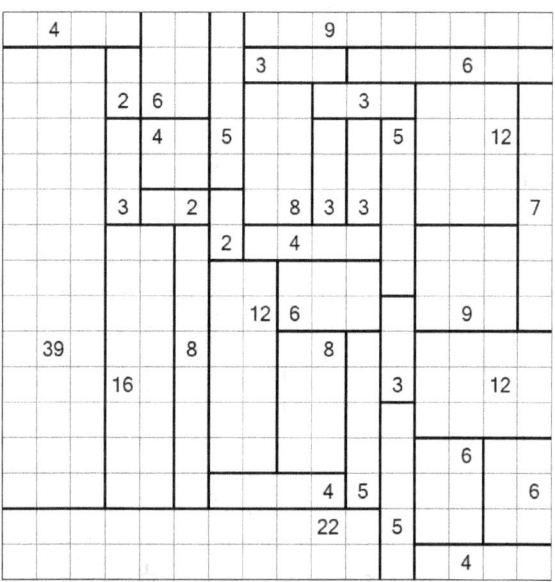
Shikaku 112 solution

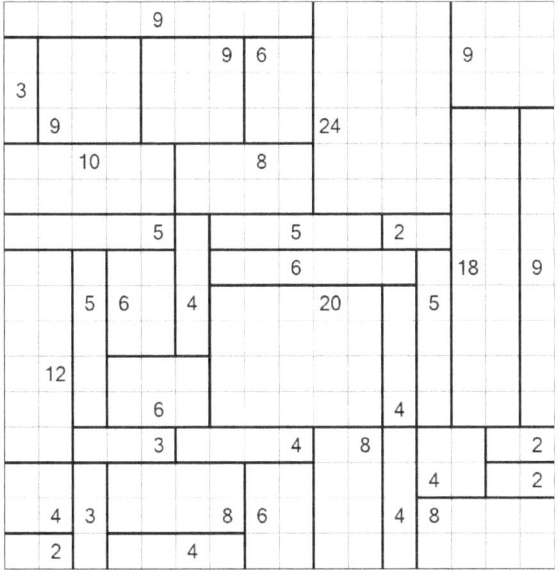
Shikaku 113 solution

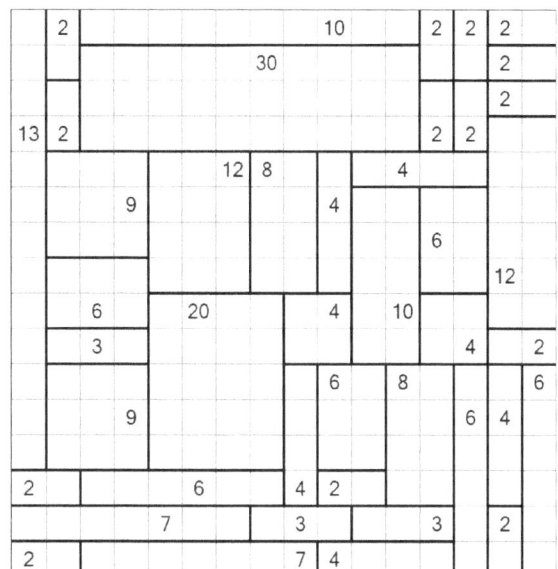
Shikaku 114 solution

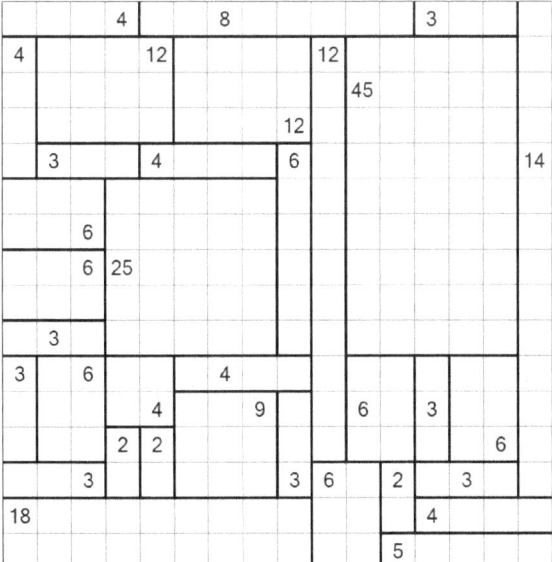
Shikaku 115 solution

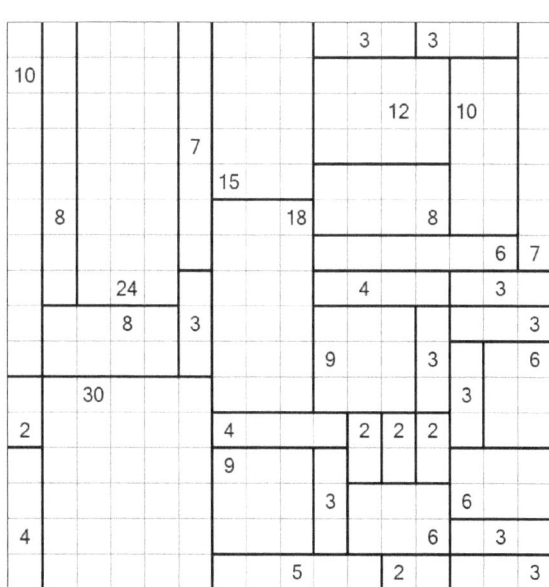
Shikaku 116 solution

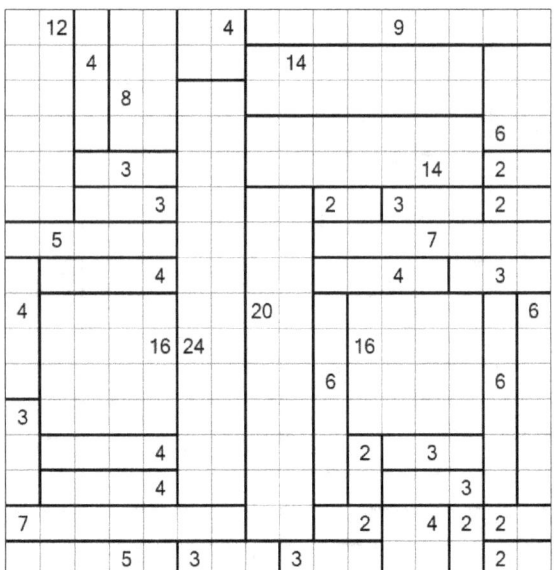

Shikaku 117 solution

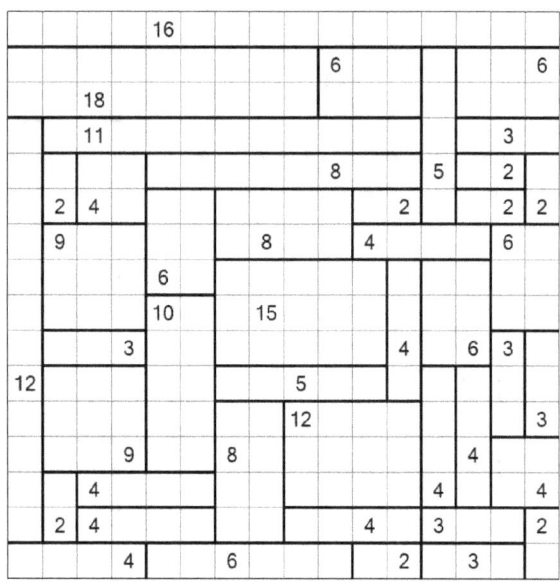

Shikaku 118 solution

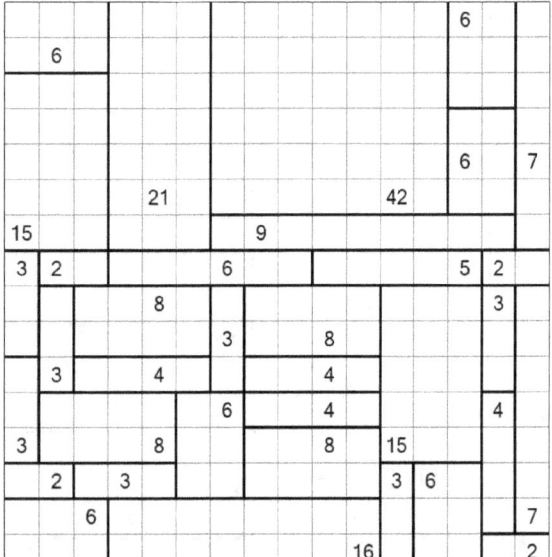

Shikaku 119 solution

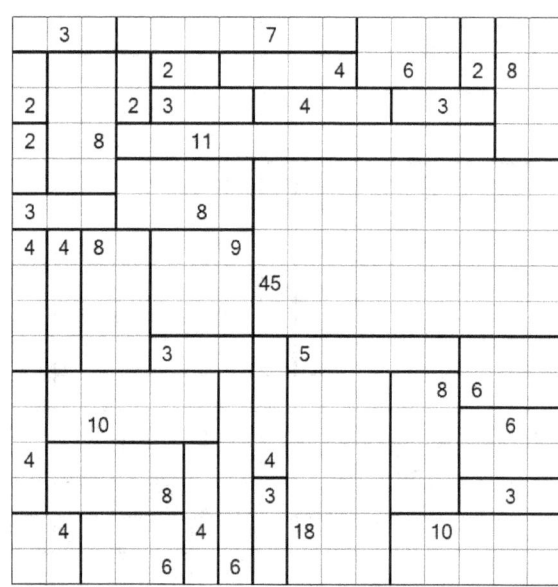

Shikaku 120 solution

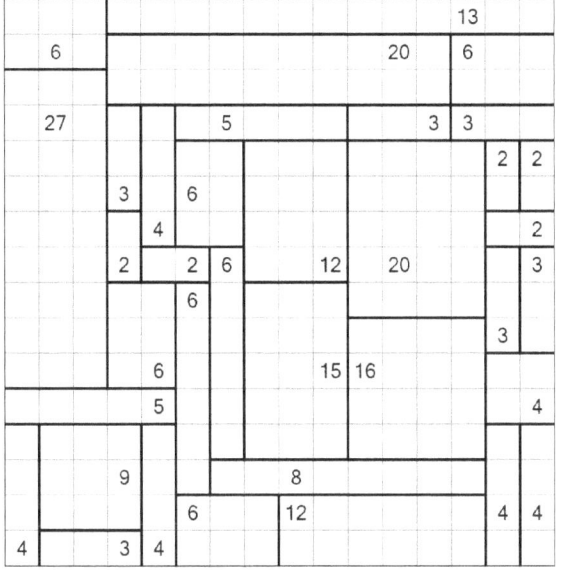

Shikaku 121 solution

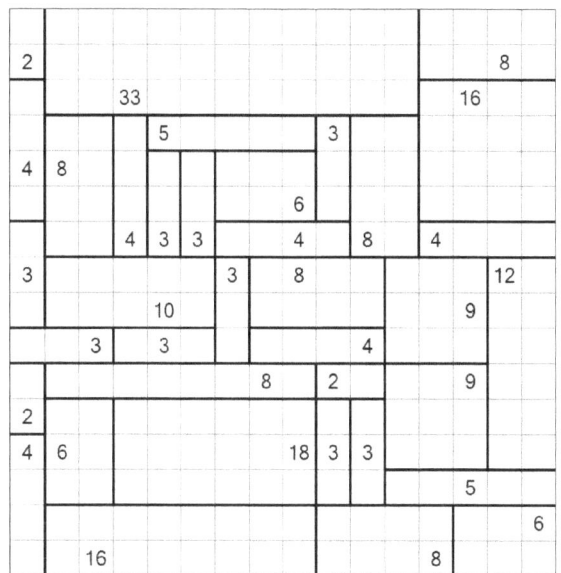

Shikaku 122 solution

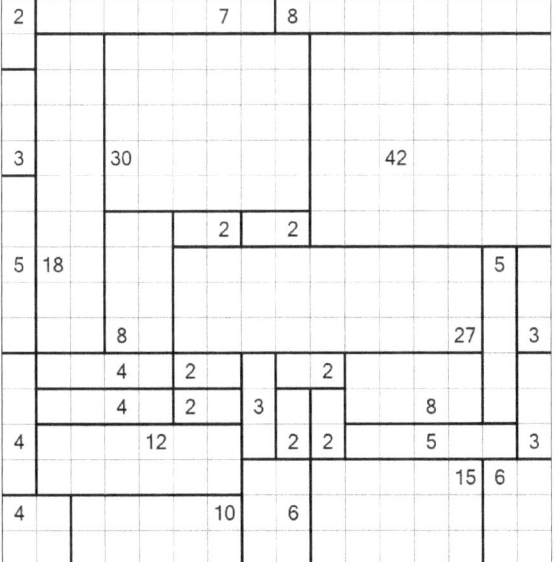

Shikaku 123 solution

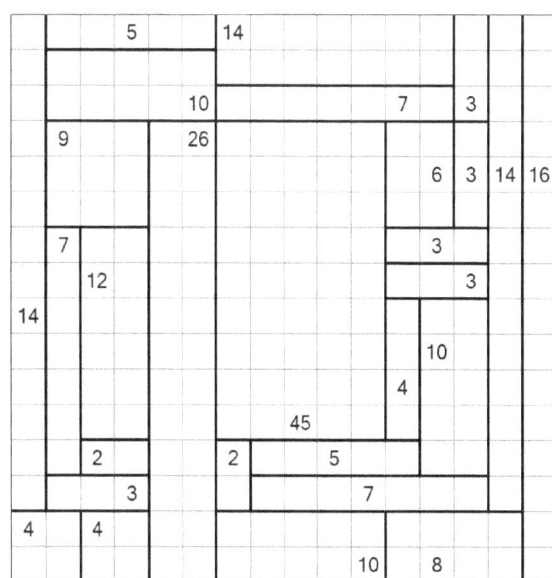

Shikaku 124 solution

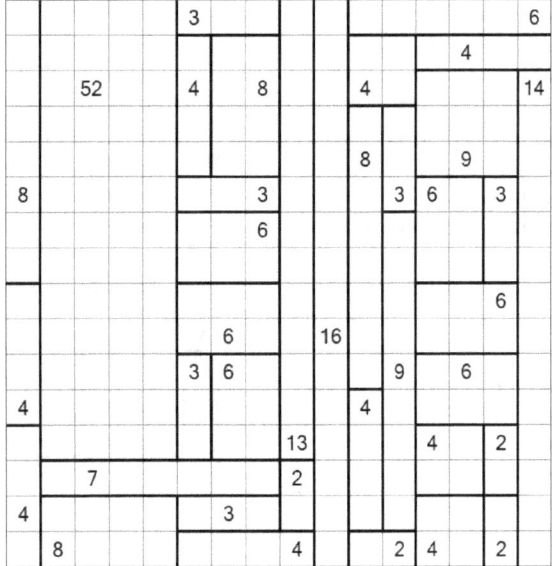
Shikaku 125 solution

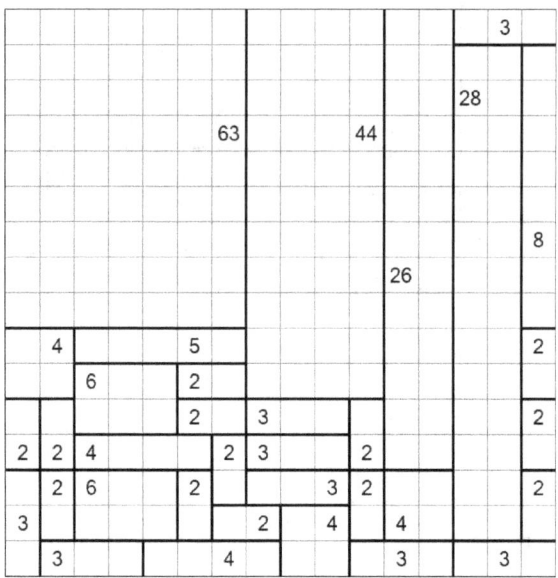
Shikaku 126 solution

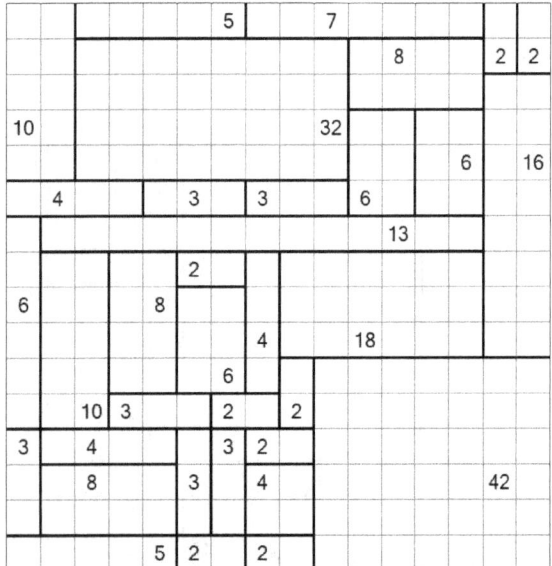
Shikaku 127 solution

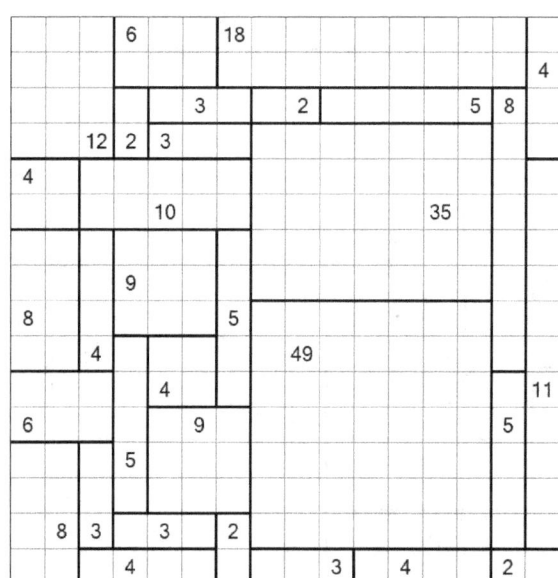
Shikaku 128 solution

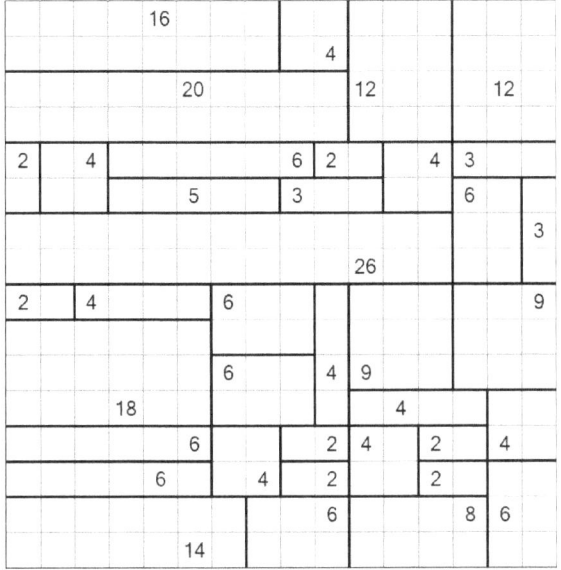

Shikaku 129 solution

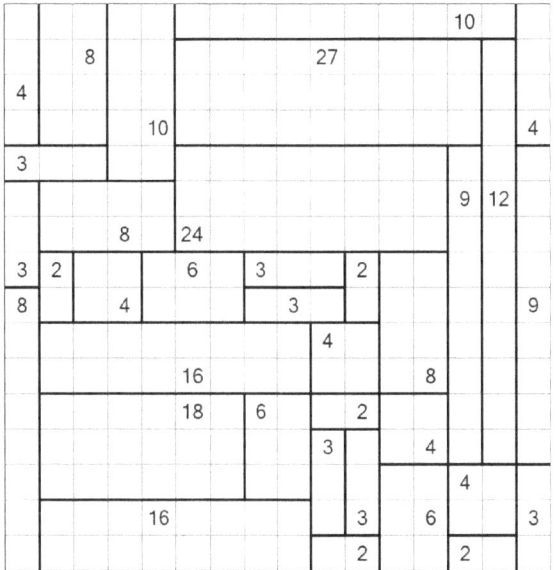

Shikaku 130 solution

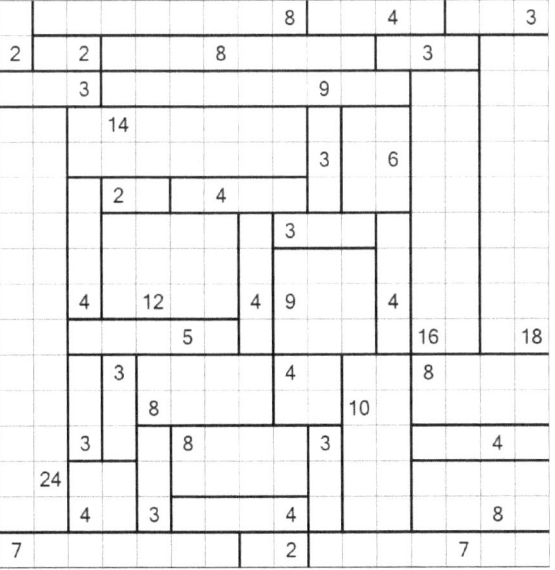

Shikaku 131 solution

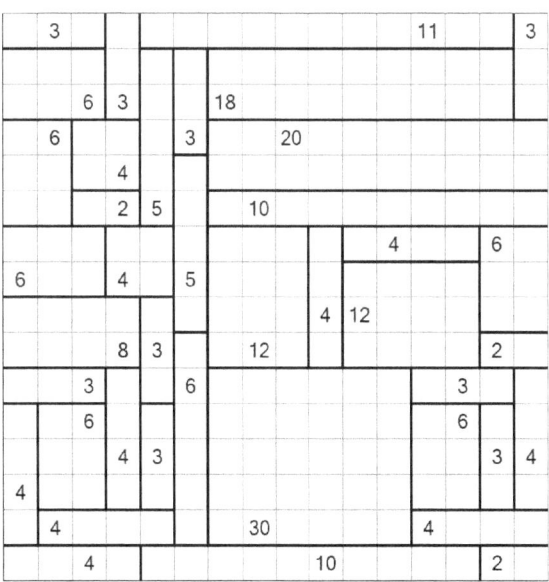

Shikaku 132 solution

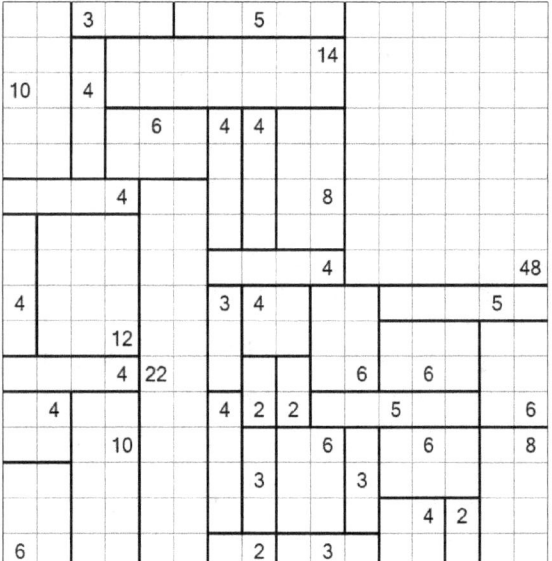
Shikaku 133 solution

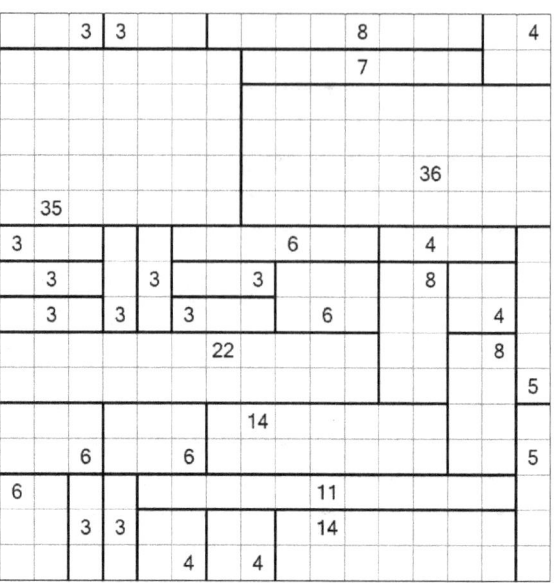
Shikaku 134 solution

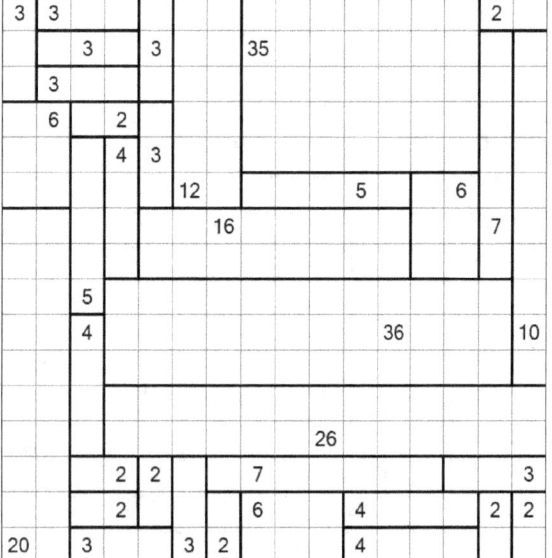
Shikaku 135 solution

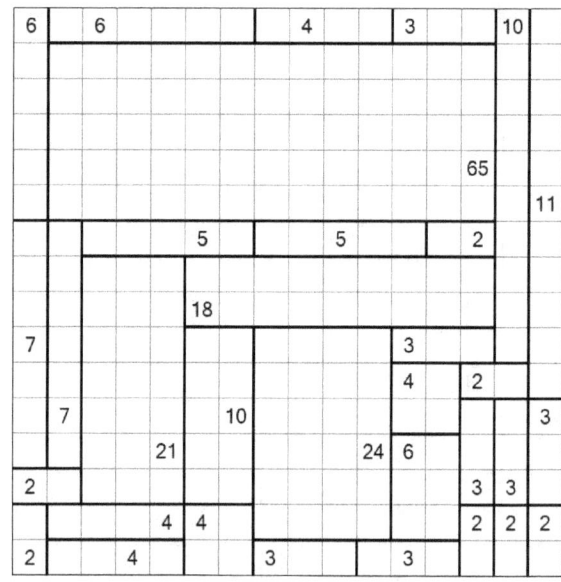
Shikaku 136 solution

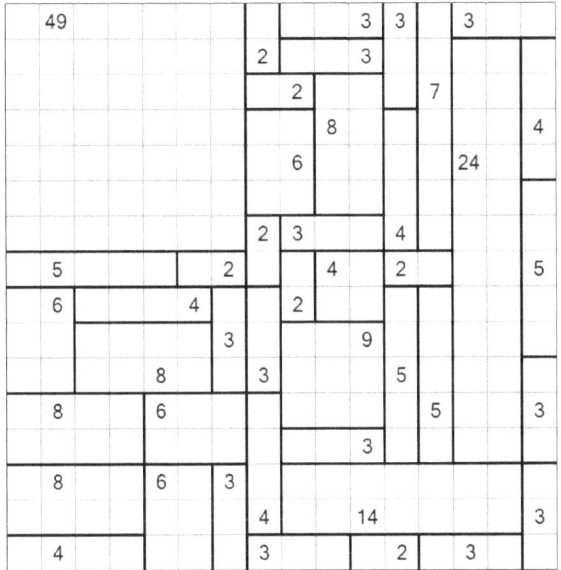

Shikaku 137 solution

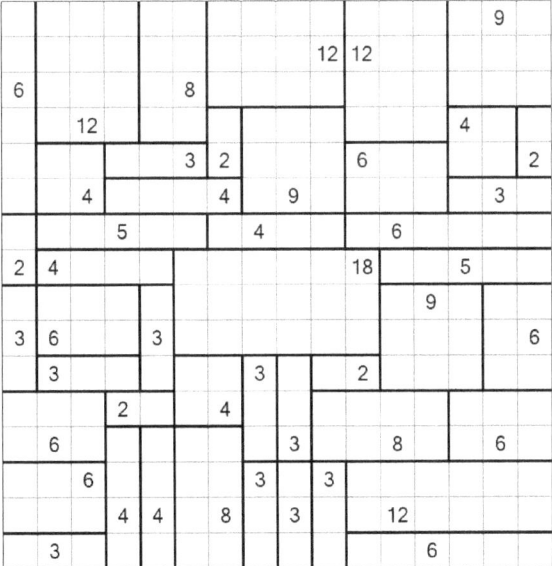

Shikaku 138 solution

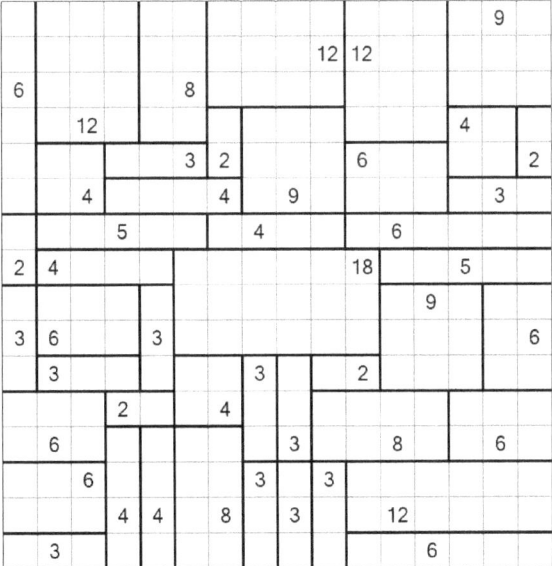

Shikaku 139 solution

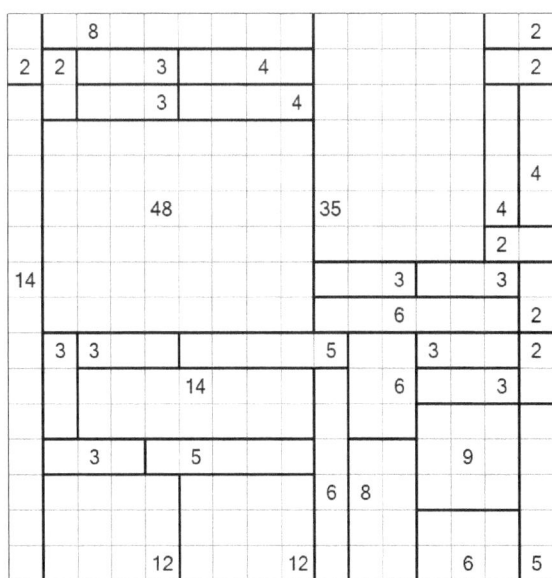

Shikaku 140 solution

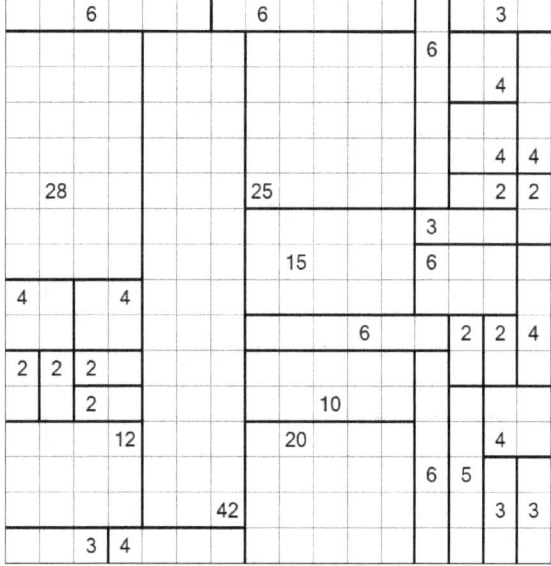
Shikaku 141 solution

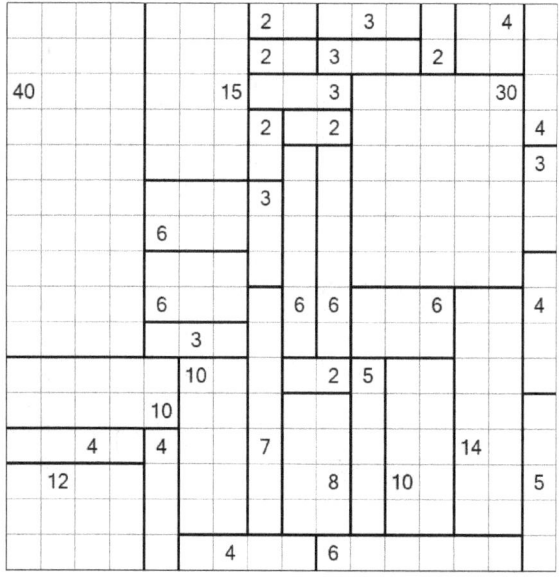
Shikaku 142 solution

Shikaku 143 solution

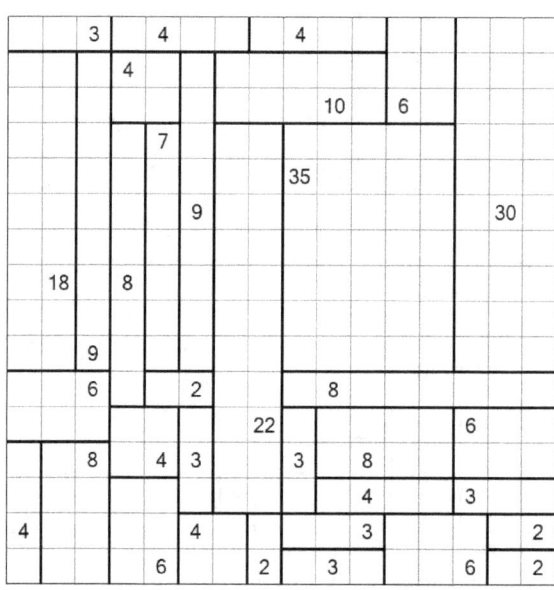
Shikaku 144 solution

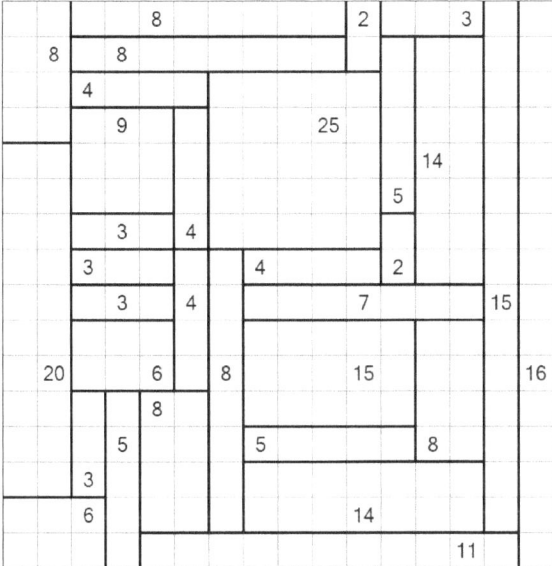

Shikaku 145 solution

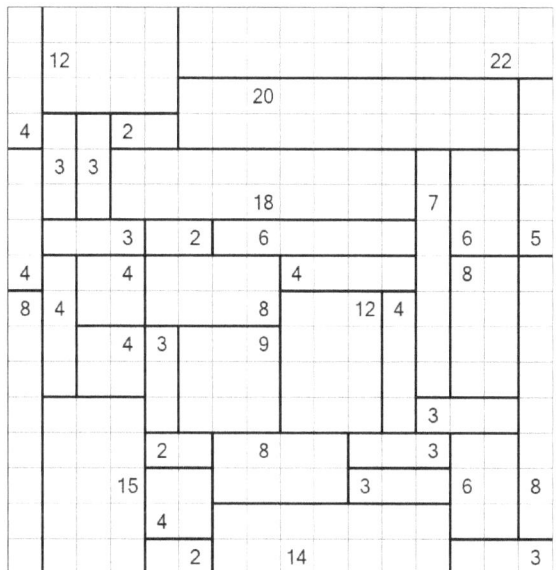

Shikaku 146 solution

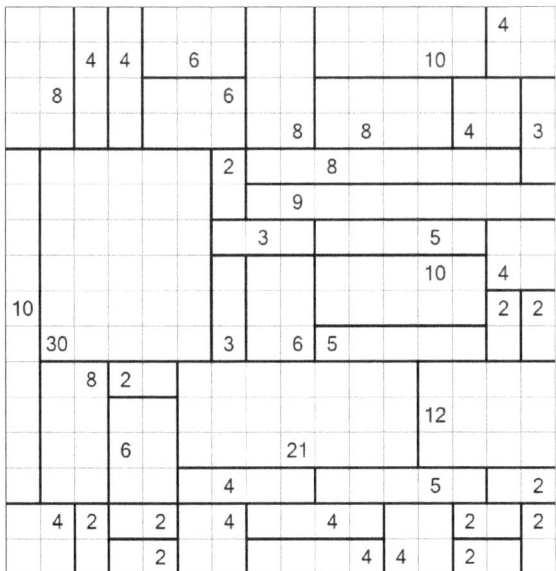

Shikaku 147 solution

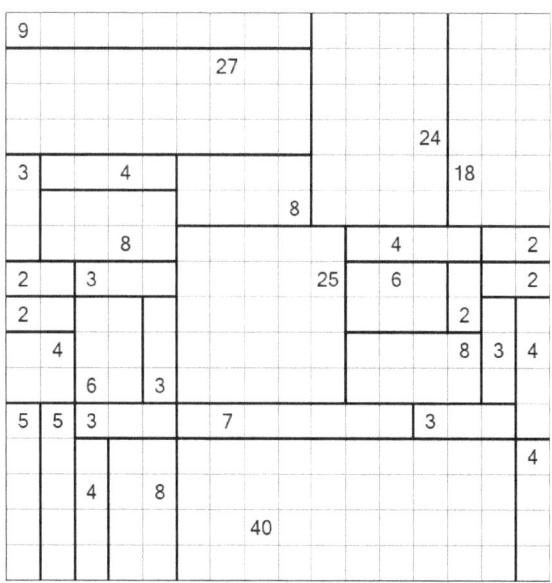

Shikaku 148 solution

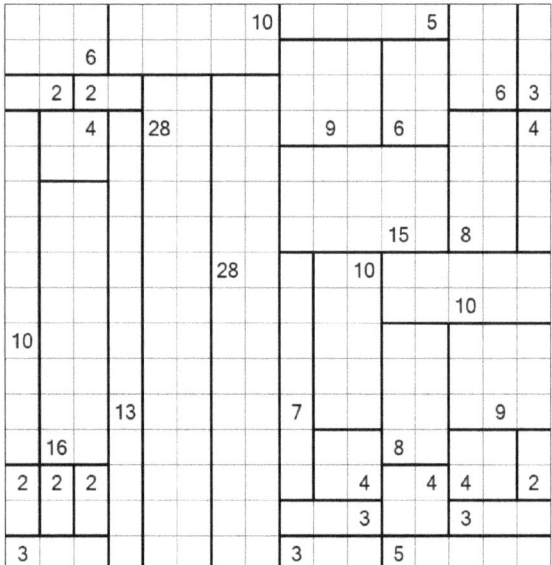

Shikaku 149 solution

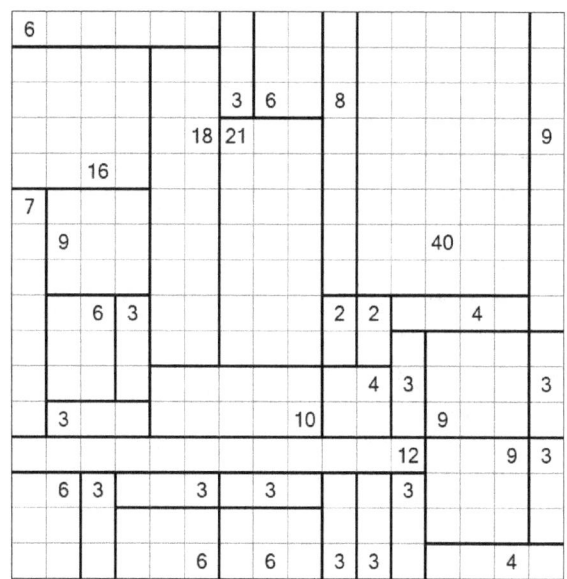

Shikaku 150 solution

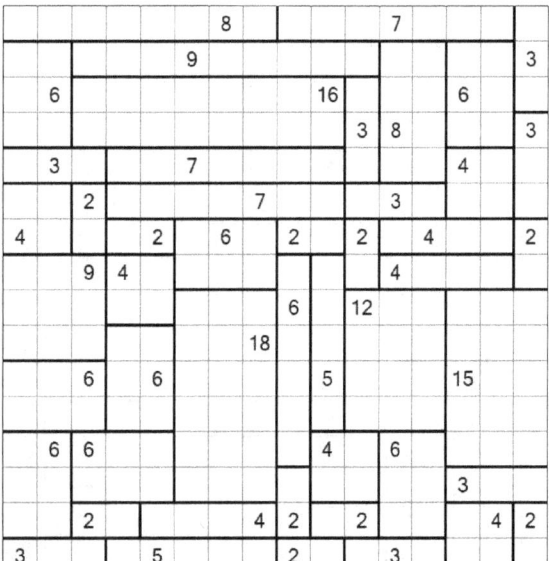

Shikaku 151 solution

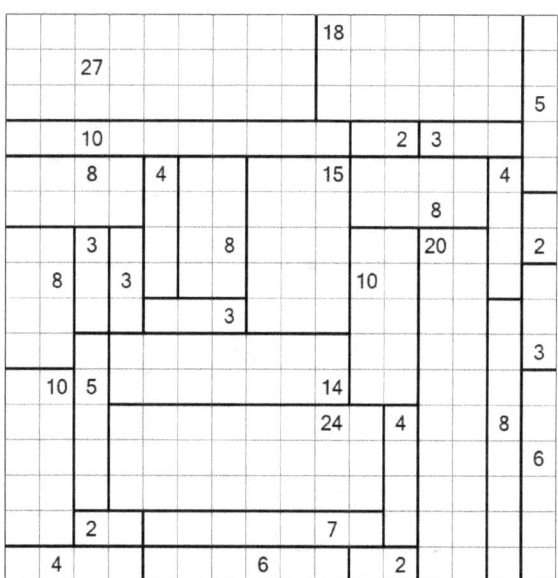

Shikaku 152 solution

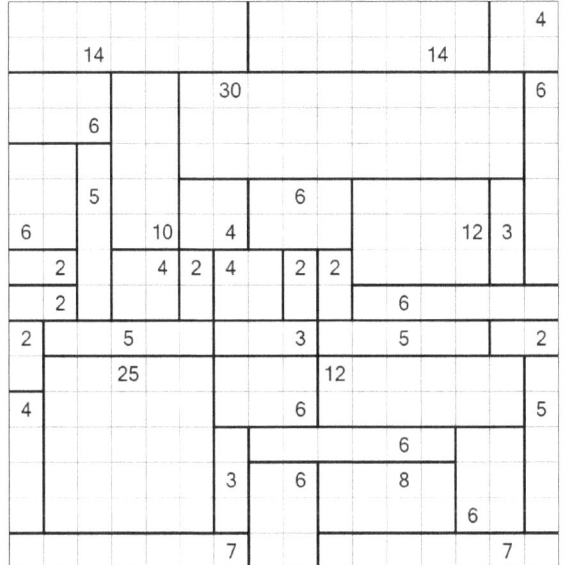
Shikaku 153 solution

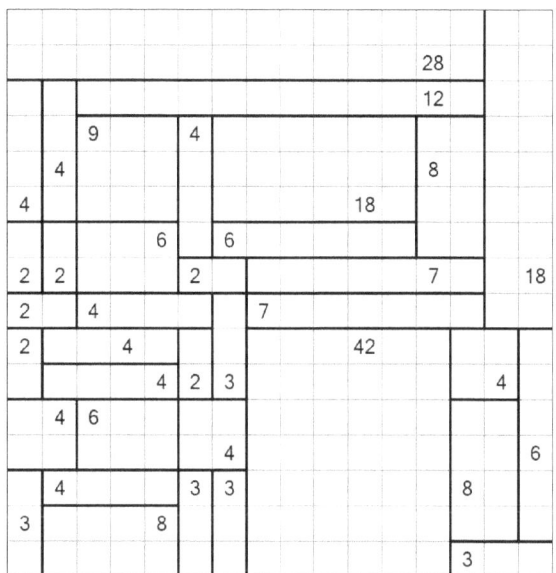
Shikaku 154 solution

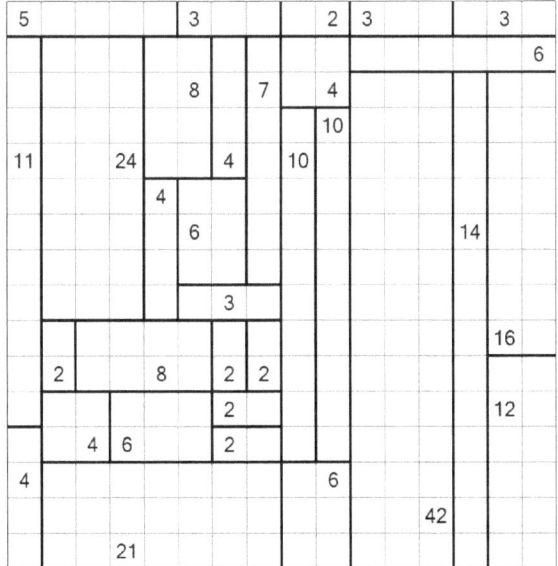
Shikaku 155 solution

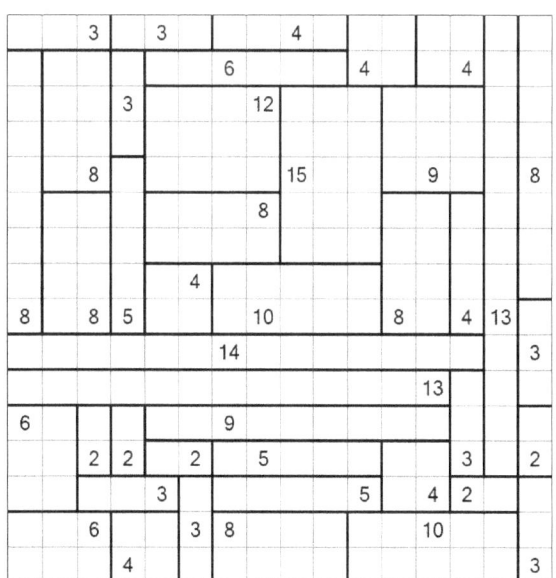
Shikaku 156 solution

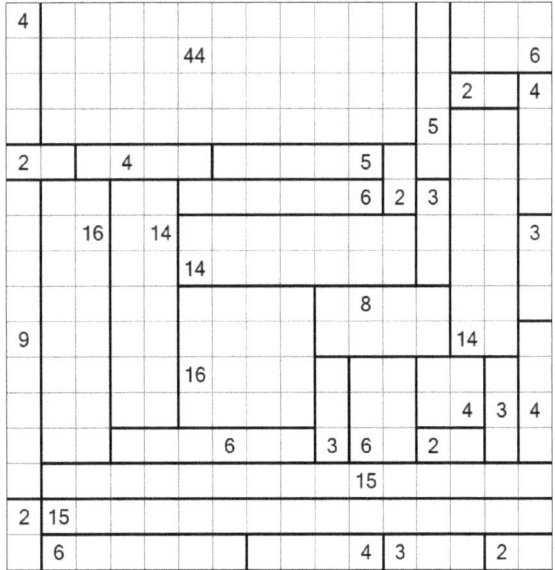

Shikaku 157 solution

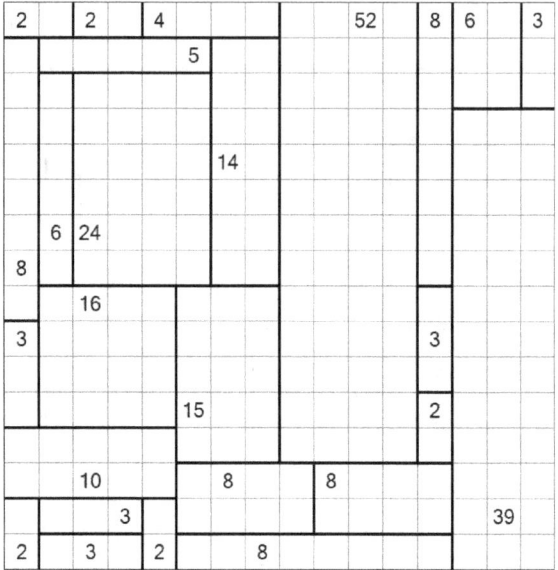

Shikaku 158 solution

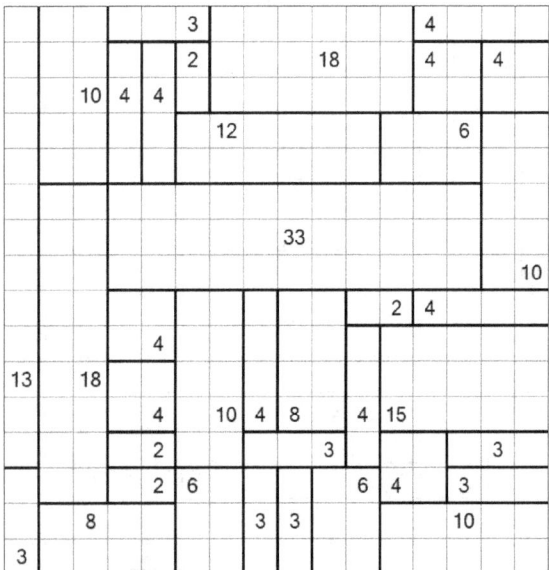

Shikaku 159 solution

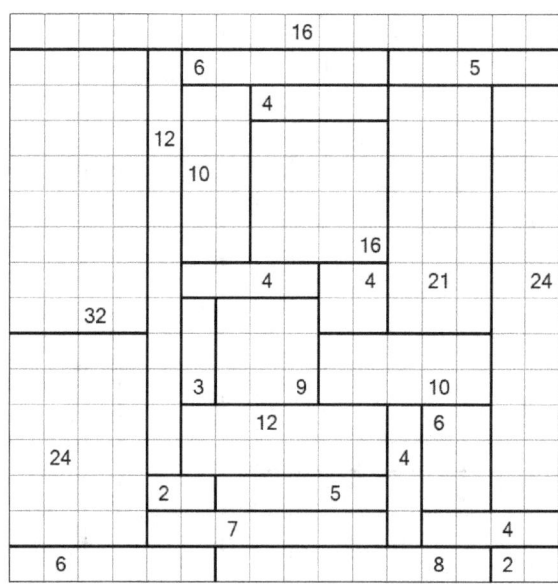

Shikaku 160 solution

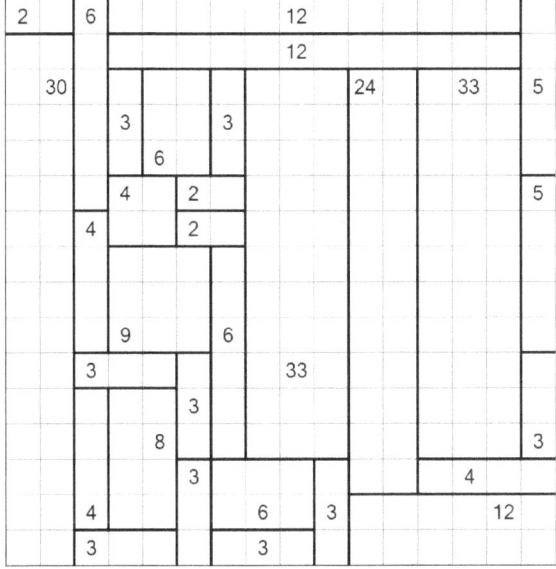
Shikaku 161 solution

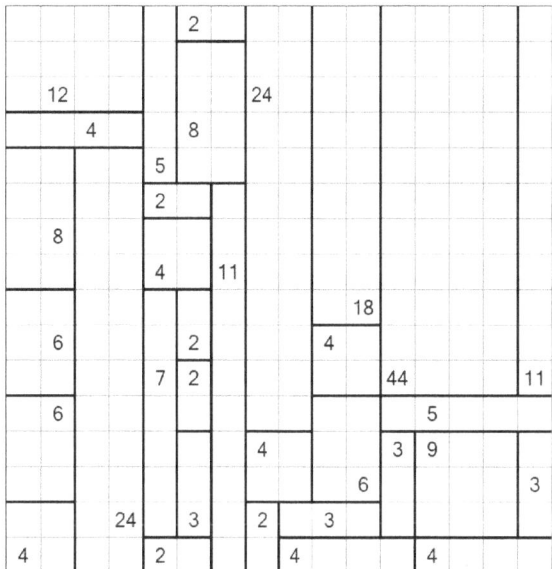
Shikaku 162 solution

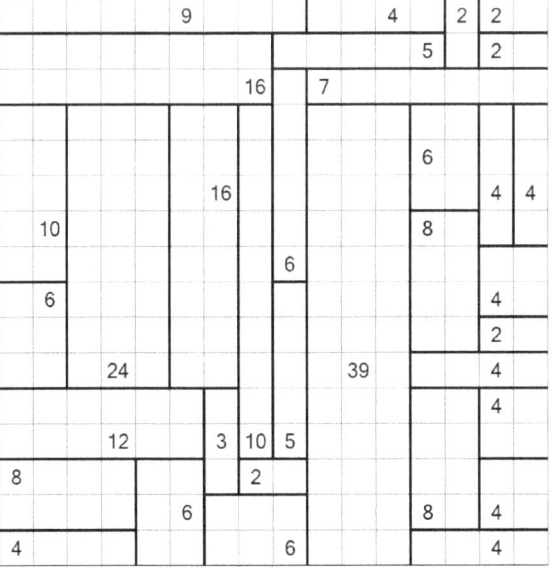
Shikaku 163 solution

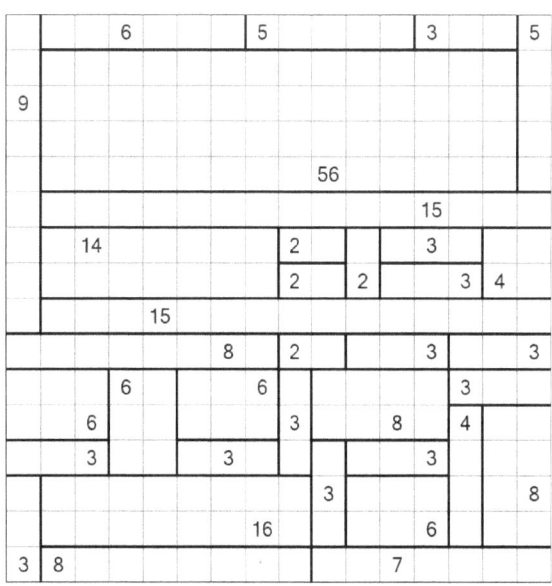
Shikaku 164 solution

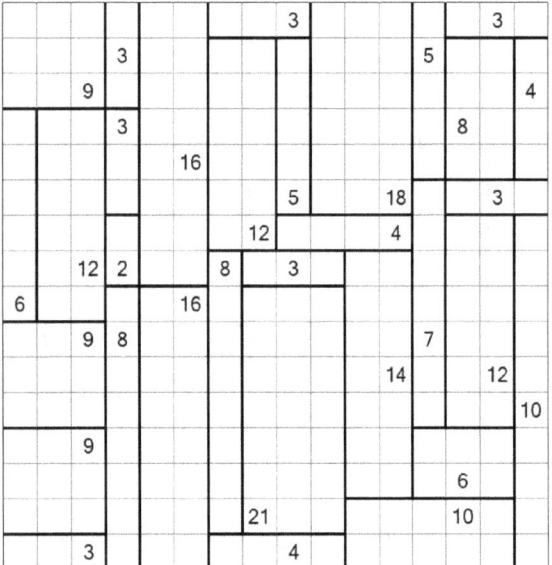
Shikaku 165 solution

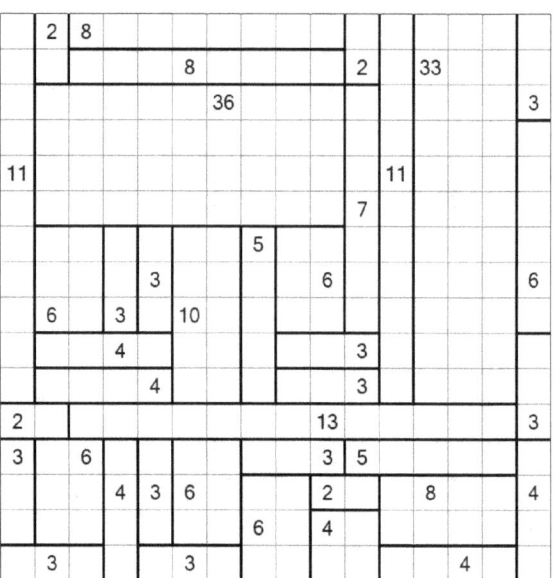
Shikaku 166 solution

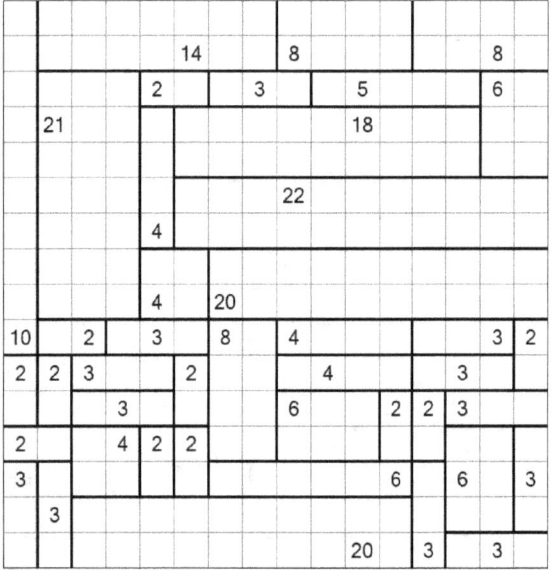
Shikaku 167 solution

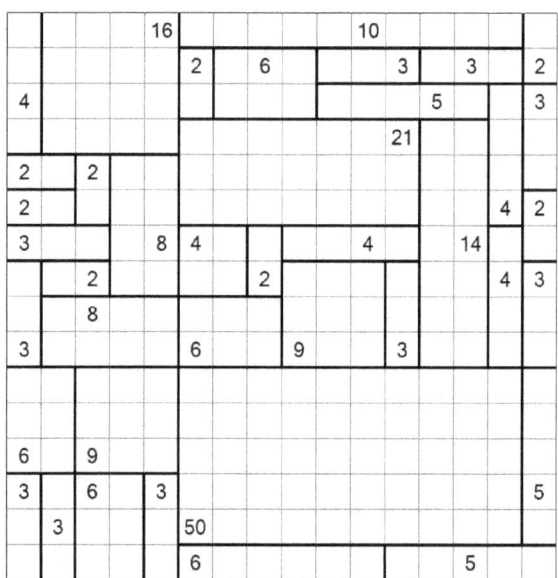
Shikaku 168 solution

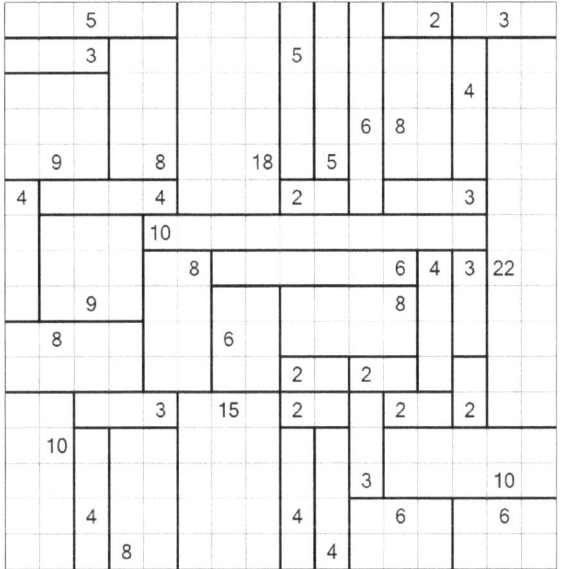

Shikaku 169 solution

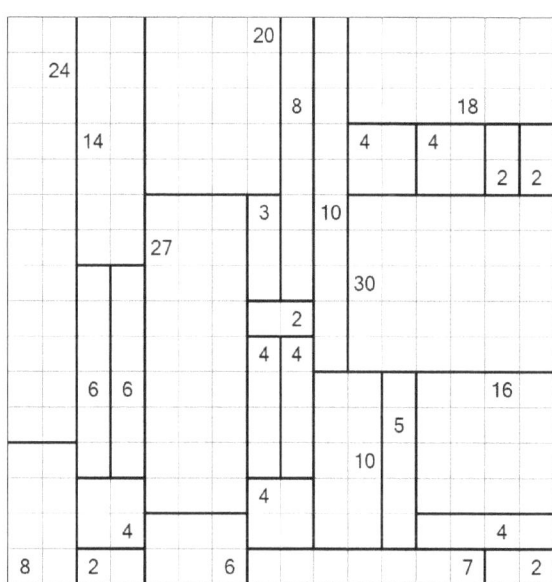

Shikaku 170 solution

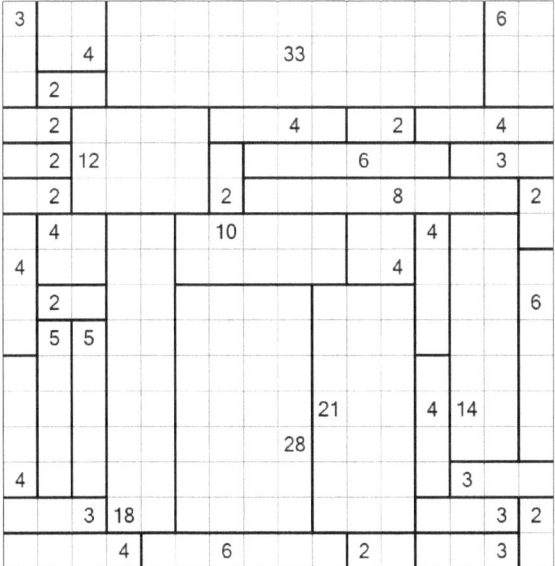

Shikaku 171 solution

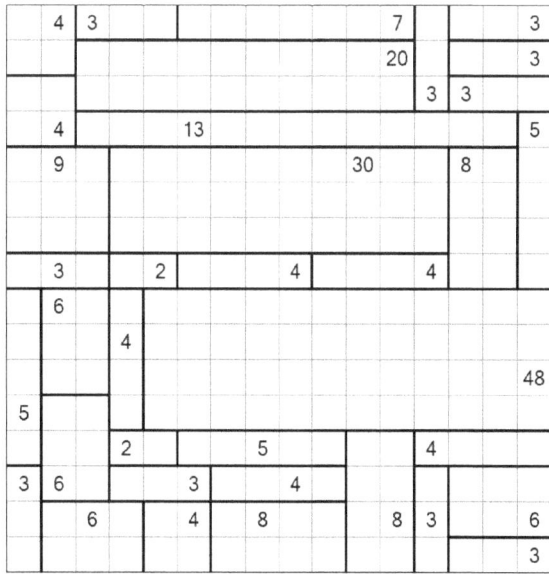

Shikaku 172 solution

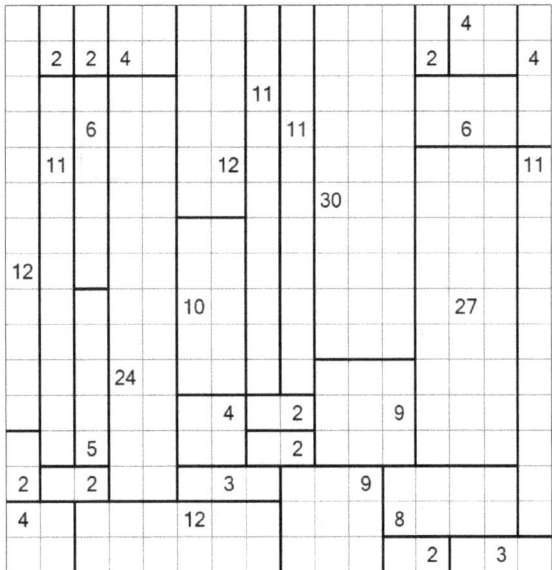
Shikaku 173 solution

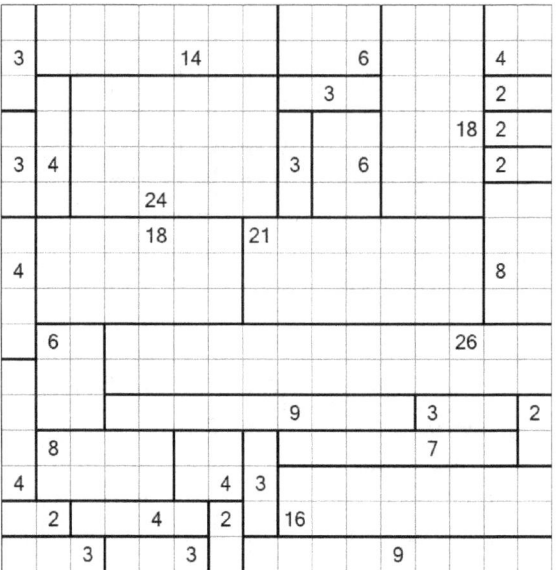
Shikaku 174 solution

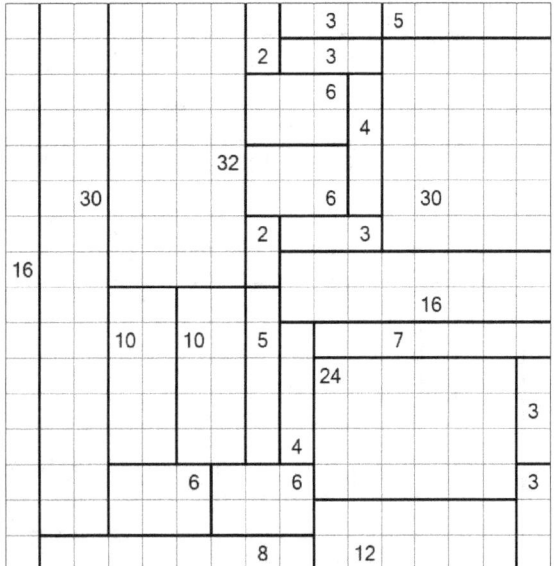
Shikaku 175 solution

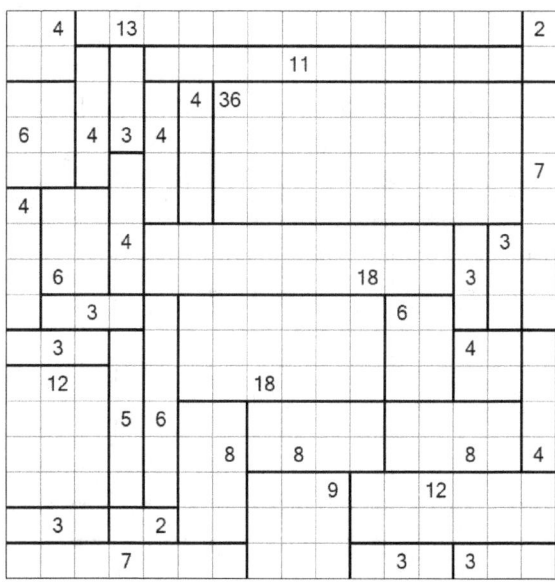
Shikaku 176 solution

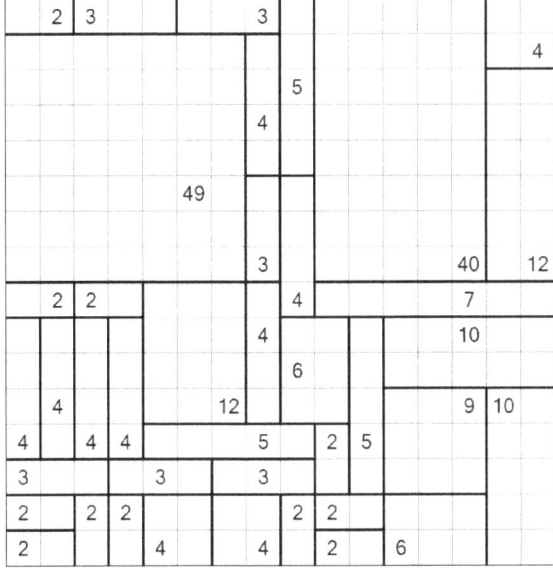
Shikaku 177 solution

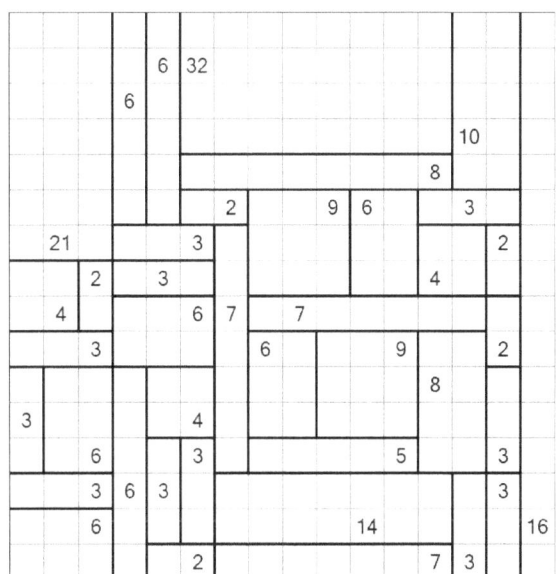
Shikaku 178 solution

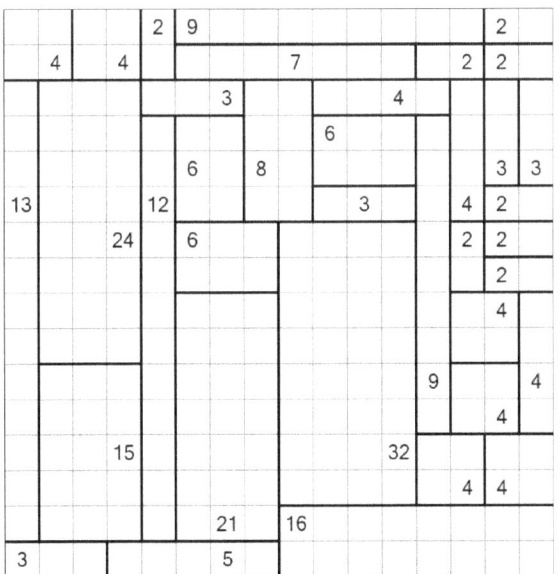
Shikaku 179 solution

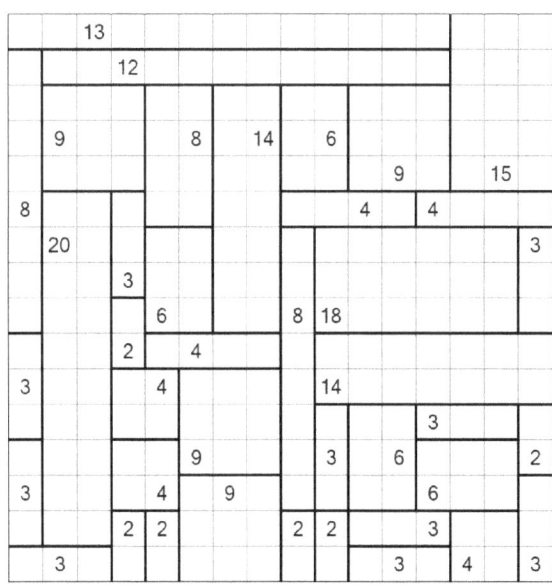
Shikaku 180 solution

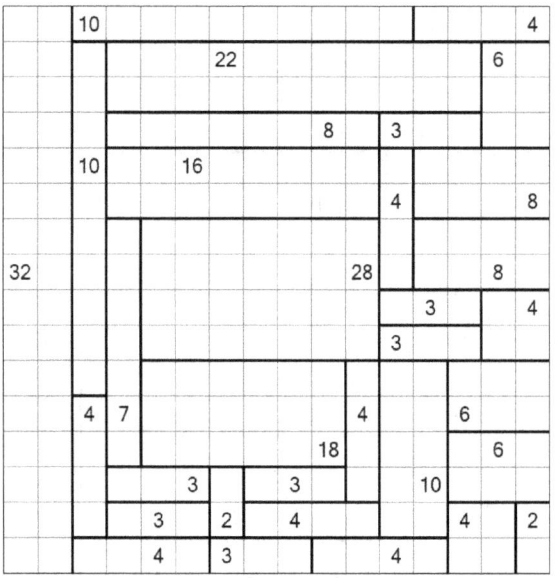

Shikaku 181 solution

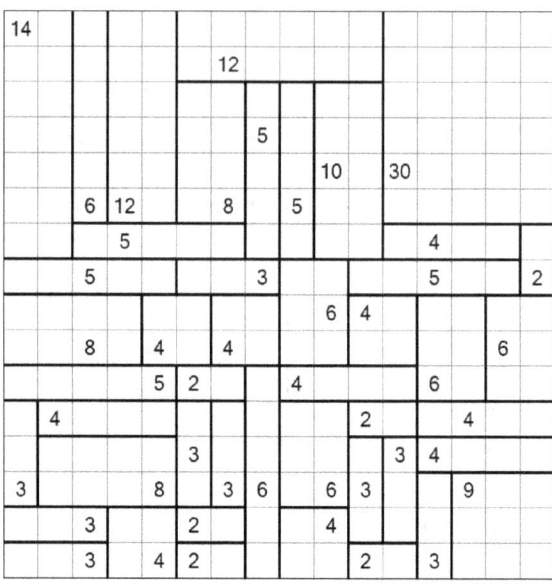

Shikaku 182 solution

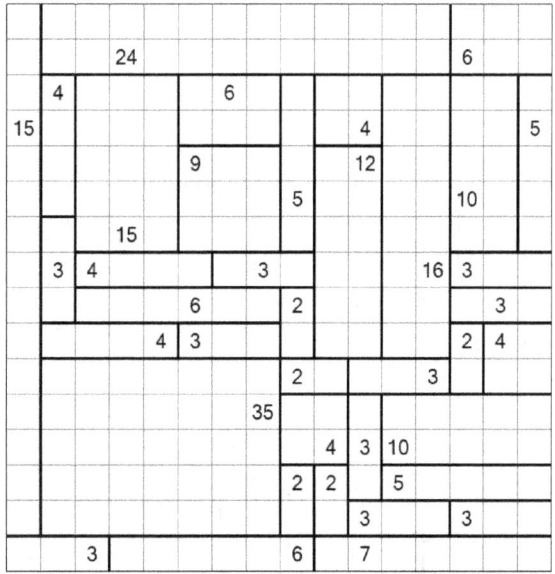

Shikaku 183 solution

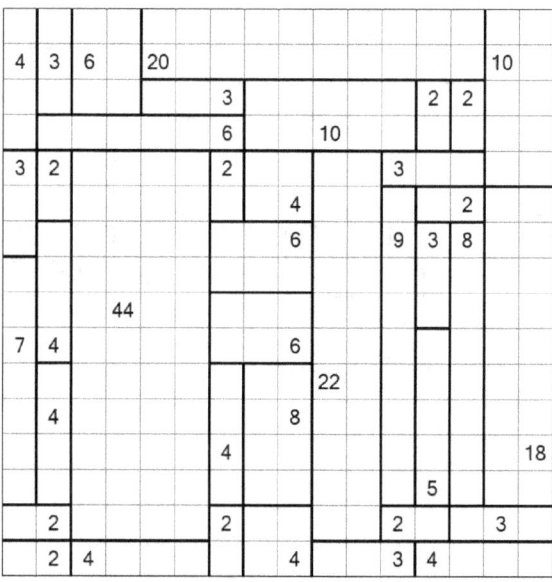

Shikaku 184 solution

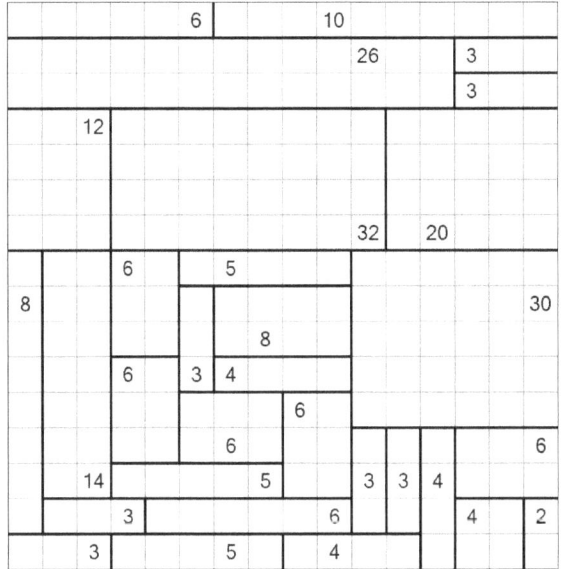

Shikaku 185 solution

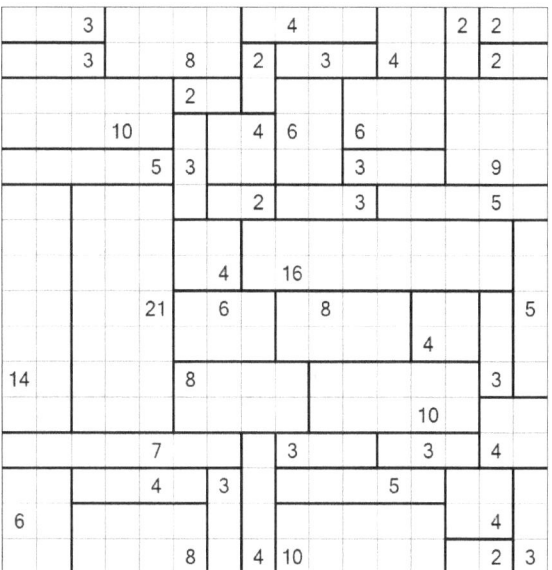

Shikaku 186 solution

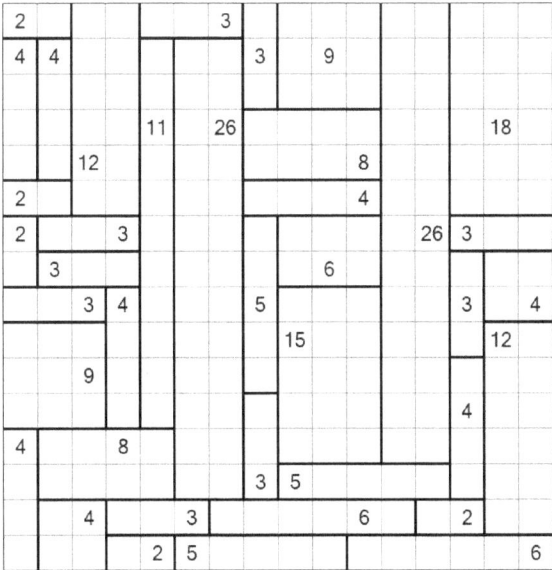

Shikaku 187 solution

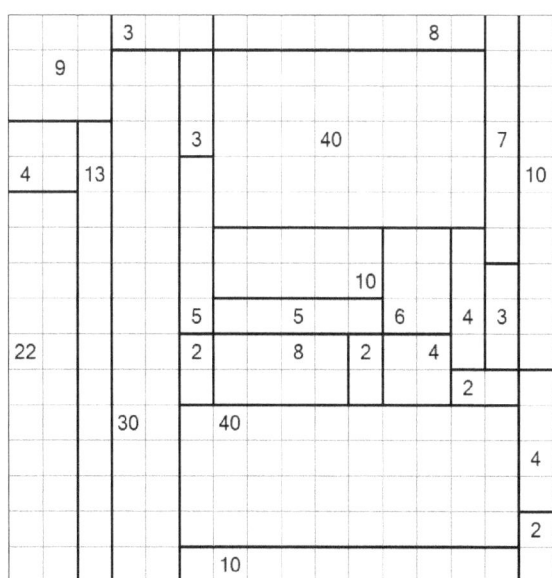

Shikaku 188 solution

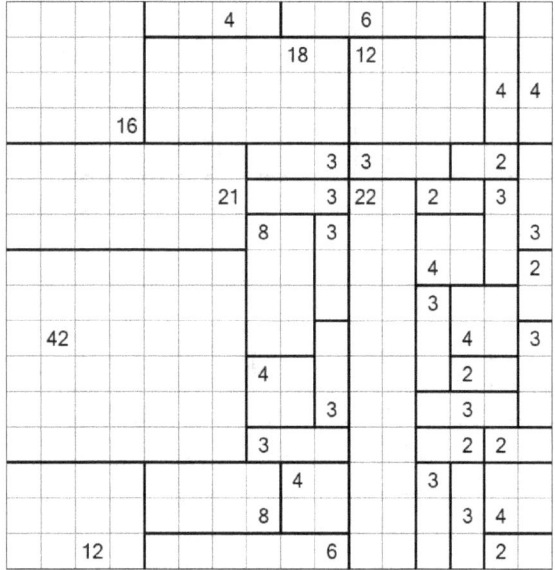
Shikaku 189 solution

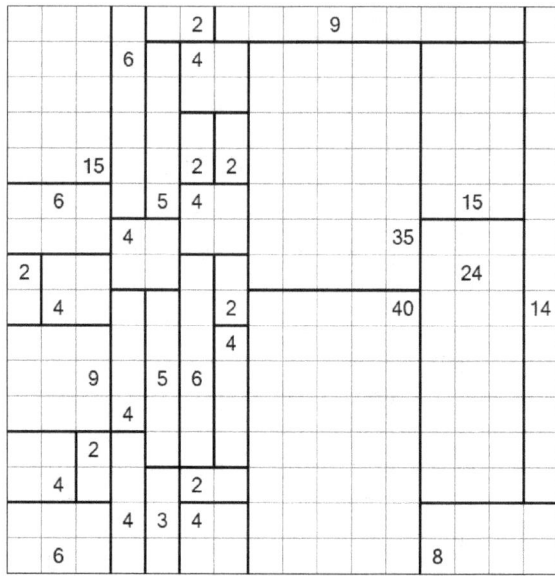
Shikaku 190 solution

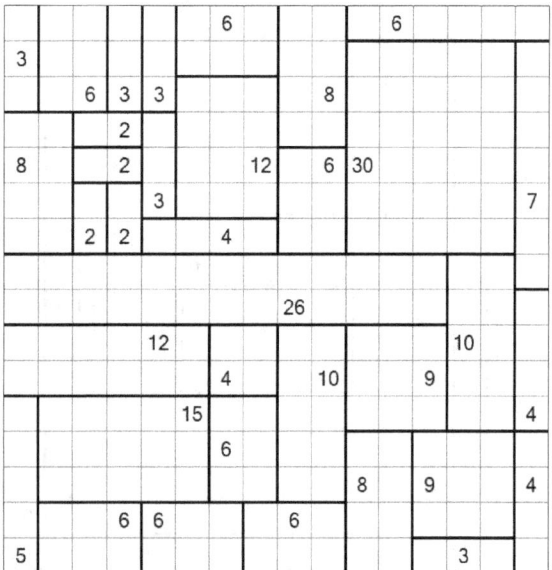
Shikaku 191 solution

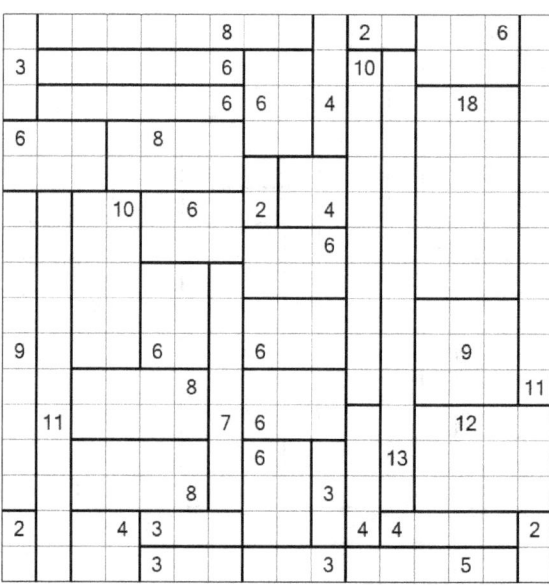
Shikaku 192 solution

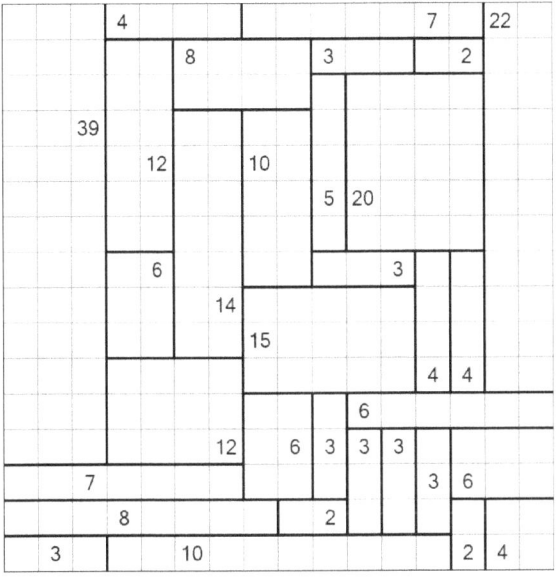
Shikaku 193 solution

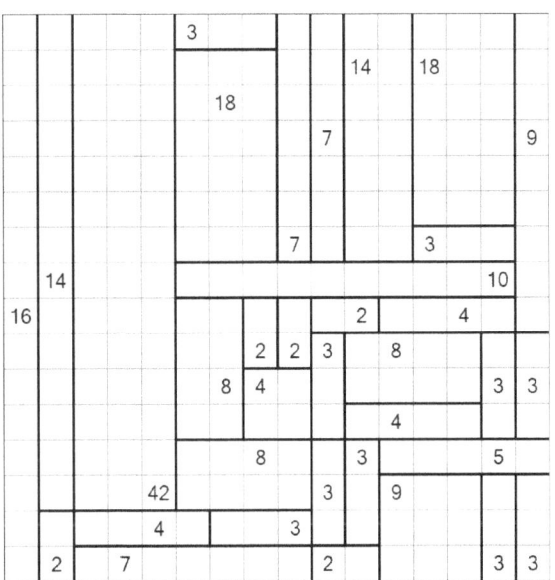
Shikaku 194 solution

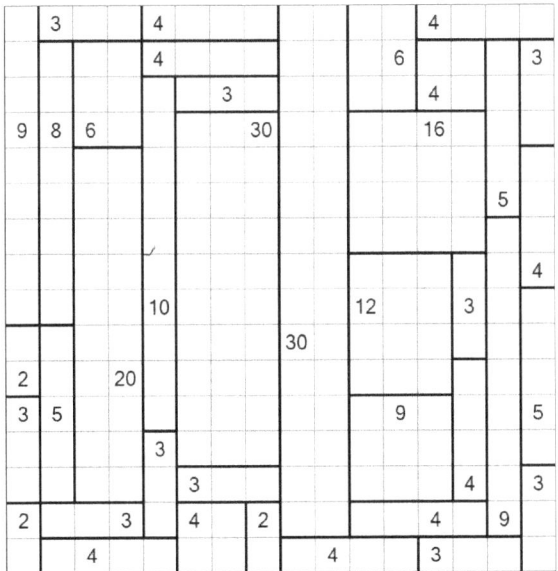
Shikaku 195 solution

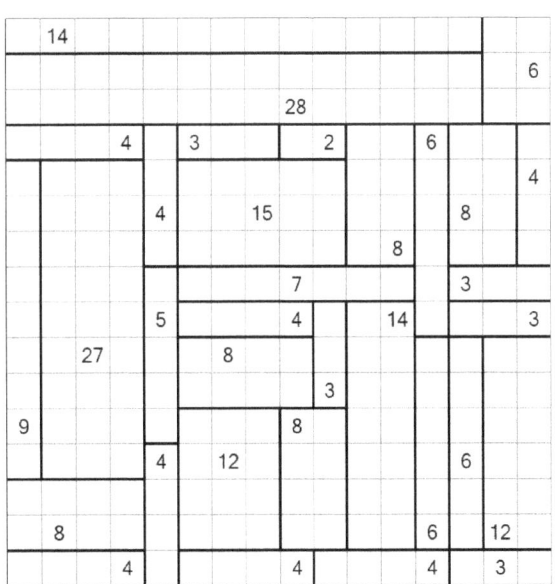
Shikaku 196 solution

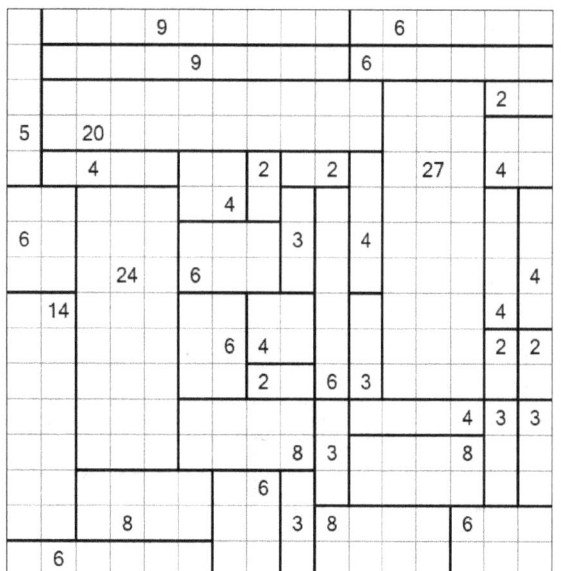
Shikaku 197 solution

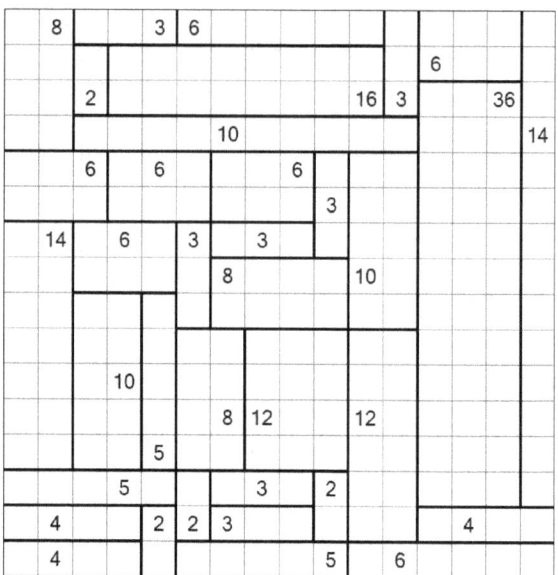
Shikaku 198 solution

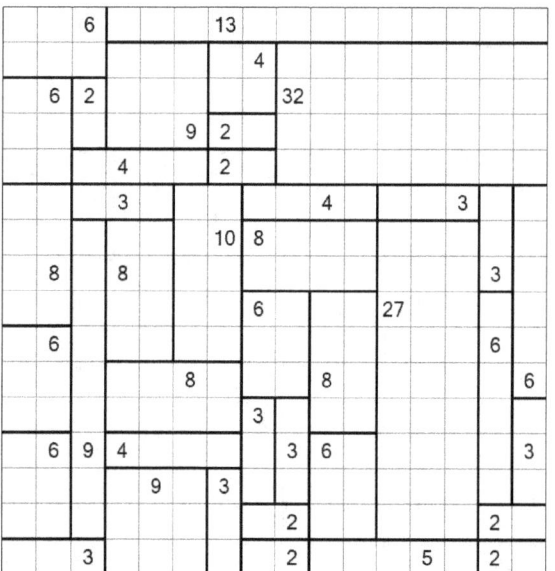
Shikaku 199 solution

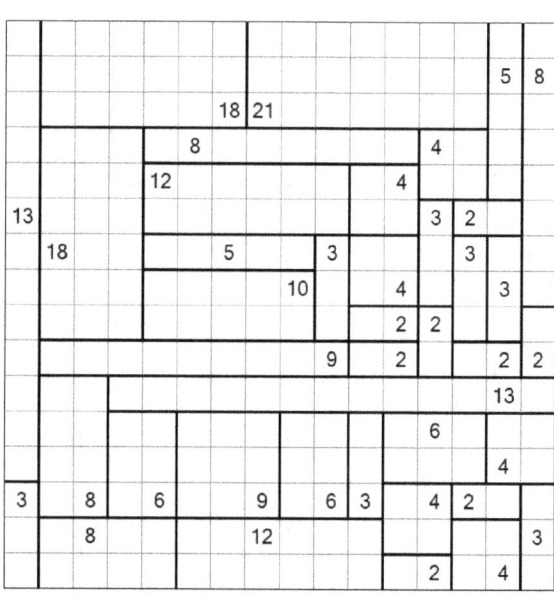
Shikaku 200 solution

www.ingramcontent.com/pod-product-compliance
Lightning Source LLC
Chambersburg PA
CBHW060416220526
45465CB00008B/2899